JULIE NAISMITH

Trennungsangst bei Hunden

GOLDMANN

Buch

Trennungsangst bei Hunden ist das vollständige Nachschlagewerk, um Ihren ängstlichen Hund zu beruhigen und ihm Sicherheit zu schenken. Wenn Sie fachkundigen Rat, einfach anzuwendende Techniken und positive Ergebnisse ohne viel Aufhebens suchen, dann werden Sie Julie Naismiths praktischen Leitfaden lieben. Und das alles für weniger als die Kosten eines Tages in der Hundetagesstätte!

Autorin

Julie Naismith stammt ursprünglich aus Yorkshire in England. Inspiriert durch ihren Hund Percy, entschied sie sich eines Tages, ihren Job als Unternehmerin aufzugeben und eine Laufbahn als Hundecoach einzuschlagen. Ausgebildet von der berühmten Hundetrainerin Jean Donaldson, hat sie sich im Laufe der Jahre auf Trennungsangst bei Hunden spezialisiert und ist mittlerweile eine der meistgefragten Expertinnen zu diesem Thema. Heute lebt sie mit ihrem Mann und ihren drei Hunden in den kanadischen Rocky Mountains.

auch als E-Book erhältlich

Alle Zusatzmaterialien finden Sie auch im Internet zum Herunterladen:
www.penguin.de/naismith-trennungsangst

JULIE NAISMITH

TRENNUNGSANGST BEI HUNDEN

Wie Ihr Hund lernt, entspannt allein zu sein

Aus dem Englischen von Marion Zerbst

GOLDMANN

Die englische Originalausgabe erschien 2019 unter dem Titel
Be Right Back!: How To Overcome Your Dog's Separation Anxiety And Regain Your Freedom

Alle Ratschläge in diesem Buch wurden von der Autorin und vom Verlag sorgfältig erwogen und geprüft. Eine Garantie kann dennoch nicht übernommen werden. Eine Haftung der Autorin beziehungsweise des Verlags und seiner Beauftragten für Personen-, Sach- und Vermögensschäden ist daher ausgeschlossen.

Obwohl ich mir in diesem Buch große Mühe gegeben habe, genau zu erklären, wie Sie die Trennungsangst Ihres Hundes überwinden können, kann ich nicht garantieren, dass Ihnen das auch gelingen wird. Die Erfolgsquote von Trennungsangst-Training ist zwar sehr hoch, aber bei Verhaltensänderungen gibt es niemals eine Garantie. Jeder Fachmann, der Ihnen etwas anderes erzählt, macht sich der Intransparenz schuldig.

Die Fallbeispiele für erfolgreiches Trennungsangst-Training, die ich in diesem Buch aufzeige, sind also nicht als Versprechen positiver Ergebnisse zu verstehen. Ob eine Lösung erfolgreich ist, hängt ganz von der psychischen Verfassung des jeweiligen Hundes und von der Person ab, die das Training durchführt.

Penguin Random House Verlagsgruppe FSC® N001967

1. Auflage
Deutsche Erstausgabe Juni 2024

Redaktion: Andrea Kalbe
This translation of Be Right Back!: How To Overcome Your Dog's Separation Anxiety And Regain Your Freedom is published by arrangement with Julie Naismith
Umschlag: Uno Werbeagentur, München
Umschlagmotiv: © WilleeCole/iStock; © rzelich/iStock; © FinePic®, München
Satz: Satzwerk Huber, Germering
Druck und Bindung: GGP Media GmbH, Pößneck
Printed in Germany
JS · CB
ISBN 978-3-442-22394-7

www.goldmann-verlag.de

Für India, Tex und natürlich auch für Percy

Inhalt

Vorwort

Als Besitzer eines Hundes mit Trennungsangst haben Sie wirklich die schlechtesten Karten, die es gibt: Sie haben nicht nur einen Hund, den Sie keine Minute lang allein lassen können, sondern werden obendrein auch noch dafür verurteilt und bekommen nicht die Informationen, die Sie brauchen, um Ihren Hund von diesem problemlos behandelbaren Leiden zu befreien.

Wenn Sie das Gefühl haben, auch zu dieser Gruppe von Menschen zu gehören, dann habe ich dieses Buch für Sie geschrieben.

Es gibt viele Bücher über Trennungsangst, die von Hundetrainern für Hundetrainer geschrieben worden sind – und Bücher, die von Hundetrainern für Hundebesitzer geschrieben worden sind. Doch dieses Buch stammt von einer Hundebesitzerin (die allerdings inzwischen eine erfahrene Beraterin zum Thema Trennungsangst ist) und wendet sich an andere Hundebesitzer. Genau wie Sie weiß ich, dass zur Überwindung von Trennungsangst mehr gehört als einfach nur ein Trainingsprogramm.

Mit diesem Buch will ich Ihnen das Wissen und die Überlebensstrategien an die Hand geben, die Sie brauchen. Ich möchte, dass Sie sich nicht auf schlechte Ratschläge verlassen, sondern genau das tun, was Ihnen und Ihrem Hund helfen wird, dieses Problem zu überwinden.

Wenn Sie gerade dabei sind, die Hoffnung zu verlieren, dann wissen Sie, dass ich Ihnen die Daumen drücke. Und ich glaube fest daran, dass Sie es schaffen werden.

EINFÜHRUNG

»Wissen Sie, dass Ihr Hund den ganzen Tag bellt?«

Eigentlich hatte ich mich für eine gute »Hundemutter« gehalten. Wir machten gemütliche Schnüffelspaziergänge in der Nachbarschaft, gingen auf Abenteuerexkursionen in die freie Natur und besuchten die Parks unserer Stadt, um andere Menschen (und Hunde) zu treffen. Eines Tages fragte meine Nachbarin mich: »Wissen Sie eigentlich, dass Ihr Hund den ganzen Tag bellt?« Auf diese Frage gab es eine ganz einfache Antwort: Nein, das wusste ich nicht. Und ich hatte auch keine Ahnung, warum er bellte, wenn ich nicht zu Hause war. Diese unerwartete Frage brachte mich zu einer Erkenntnis, auf die ich nicht vorbereitet gewesen war: Mein Hund Percy litt unter Trennungsangst.

Ich weiß heute noch, wie ich mich an diesem Tag gefühlt habe. Meine ganze Welt als Hundehalterin war aus den Fugen geraten. Denn ich hatte tatsächlich keine Ahnung davon gehabt, dass Percy dauernd bellte, wenn ich weg war. Woher hätte ich das auch wissen sollen? Meinen Cockerspaniel-Pudel-Mischling India hatte ich schon seit einem Jahr, und bis dahin hatte sich noch kein Nachbar über sie beschwert. Percy, Indias Halbbruder, war im Alter von acht Wochen zu uns gekommen, und natürlich war ich davon ausgegangen, dass er genauso leicht zu erziehen sein würde wie sie.

Ich konnte den Gedanken, dass mein Hund den ganzen Tag bellte, nicht ertragen, und natürlich wollte ich auch keinen Ärger mit den Nachbarn bekommen. Also musste ich der Sache auf den Grund gehen.

Auf der Suche nach einer Antwort

Wie alle Menschen in unserem heutigen Smartphone-Zeitalter fragte ich zuerst Dr. Google um Rat. Wenn Sie »Hund bellt den ganzen Tag« in eine Suchmaschine eingeben, erhalten Sie ungefähr eine Million Treffer – alle mit unterschiedlichen Meinungen und widersprüchlichen Fakten.

Ich habe viel Zeit damit vergeudet, die verschlungenen Wege des Internets zu erkunden, aber Gott sei Dank bin ich schließlich doch auf sinnvolle Informationsquellen gestoßen. Ich erfuhr, dass ich einen Hund mit einer Phobie vor dem Alleinsein hatte: Trennungsangst.

Denn Hunde, die während Ihrer Abwesenheit ständig und ununterbrochen bellen, sind keine bösen Hunde. Und sie sind auch nicht wütend auf Sie, weil Sie weggegangen sind. Sie sind schlicht und einfach in Panik. Wir wissen zwar nicht, warum, doch aus irgendeinem Grund haben manche Hunde eine krankhafte Angst davor, allein zu Hause zu sein.

So ging es auch meinem Percy.

Nachdem ich begriffen hatte, was mit Percy los war, änderte sich alles. Denn nun wusste ich, mit welchem Problem ich es zu tun hatte: Angst. Also musste ich die Ursache dafür herausfinden und mir darüber klar werden, was man dagegen tun kann.

Im Internet gibt es jede Menge Erklärungen dafür, warum ein Hund unglücklich sein könnte, wenn man ihn allein lässt. Hier ein paar Erklärungen für Percys Ängste, auf die ich bei meiner Suche gestoßen bin (und von denen ich inzwischen weiß, dass es sich dabei um Irrtümer handelt):

- weil man mit dem Hund schmust (eine Todsünde!)
- weil man den Hund im eigenen Bett schlafen lässt (wer kommt denn auf *so eine* Idee?)
- weil man den Hund zuerst aus der Tür gehen lässt (dafür komme ich in eine Haftanstalt für schlechte Hundeerzieher)
- weil man den Hund fressen lässt, bevor man selber gegessen hat (ein absolutes No-Go!)

Offenbar war ich eine katastrophale Hundeerzieherin. Doch interessanterweise hatte ich all diese »Fehler« auch bei India begangen, und mit ihr gab es überhaupt keine Probleme.

Außerdem hatte ich gelesen, dass es Stress für Hunde ist, allein zu bleiben, wenn sie das Gefühl haben, der »Rudelführer« zu sein, also musste ich Percy »zeigen, wer der Chef ist«. Offenbar war mein vier Monate altes und zwei Kilo schweres flauschiges weißes Hündchen wild entschlossen, die Weltherrschaft an sich zu reißen, und wenn ich nichts dagegen unternahm, würde das ein böses Ende nehmen.

Ein beliebter Ratschlag aus dem Internet, der bei meinen Freunden und Angehörigen ganz oben auf der Liste stand, lautete: »Lassen Sie ihn einfach bellen!«

Demnach braucht man also gar nichts gegen die Trennungsangst zu tun. Das Problem löst sich ganz von selbst.

Sie müssen einfach nur aufhören, Ihren Hund zu verhätscheln und zu bemuttern. Lassen Sie ihn von allein über seine Angst hinwegkommen! Doch das ist falsch. Es ist nicht einfach nur eine »andere Meinung«, sondern aus wissenschaftlicher Sicht falsch.

Mein größter Fehler als Neuling in der Hundeerziehung war es, an diesen Satz zu glauben. Also ließ ich meinen verängstigten Hund einfach bellen. Doch das hat nicht funktioniert. Ganz im Gegenteil: Dadurch ist es sogar noch schlimmer geworden.

Wie sieht das Leben mit einem Hund mit Trennungsangst aus?

Wenn Sie wissen, dass Ihr Hund jedes Mal in Panik gerät, wenn Sie weggehen, können Sie kaum noch das Haus verlassen.

Diese Erkenntnis machte das Leben mit Percy sehr anstrengend. Unser Hund hatte eine unkontrollierbare Angst davor, ohne menschliche Gesellschaft zu Hause bleiben zu müssen.

Arbeiten, essen, joggen oder einkaufen gehen, noch in letzter Minute eine Einladung annehmen – all das war für mich entweder unmöglich, oder ich konnte es nur in dem Wissen tun, dass seine Angst sich dadurch wahrscheinlich noch verschlimmerte.

Mein Mann und ich fühlten uns wie Gefangene in unserem eigenen Haus – wir waren Gefängnisinsassen, die sich ihre Zelle mit zwei entzückenden, kuscheligen Hunden teilten.

Wir liebten Percy über alles, mussten aber endlich auch wieder einmal in der Lage sein, unser eigenes Leben zu führen.

Woher kommt Trennungsangst eigentlich? Das ist eines der Themen, auf die ich in Kapitel 1 noch näher eingehen werde. Die wichtigste Antwort lautet, dass man bisher noch nicht weiß, warum manche Hunde Trennungsangst entwickeln und andere nicht, aber zum Glück kann man etwas dagegen tun.

Ich hörte auf, das Internet nach halbgaren Ideen zu den Ursachen von Trennungsangst zu durchforsten, und konzentrierte mich stattdessen auf eine Lösung.

Da ich von Hundetraining damals noch nicht viel Ahnung hatte, habe ich mich einfach irgendwie durchgewurstelt, doch anscheinend lag der Schlüssel zum Erfolg darin, Percy in kleinen Schritten an das Alleinsein zu gewöhnen. Ich stellte fest, dass seine Angst sich verschlimmerte, wenn ich ihn länger allein ließ, als er verkraftete.

Ich musste wissen, was Percy tat, während wir von zu Hause weg waren. Dafür brauchte ich ein technisches Gerät und schaffte mir deshalb die »Percycam« an.

Mithilfe dieses Geräts – einer Art Nanny-Cam, nur eben für unseren Hund – konnten wir Percy beobachten, während wir unterwegs waren. Ohne Percycam hätten wir keine Ahnung gehabt, wie es ihm allein in unserer Wohnung erging.

Was ich damals gemacht habe, wirkt im Vergleich zu meinen heutigen Trainingsmethoden sehr unbeholfen und rudimentär, trotzdem gelang es mir mit der Zeit, die Situation zu verbessern. Offensichtlich funktionierte diese Methode, während alle anderen Ratschläge versagt hatten.

Schließlich gelang es mir, Percy zu zeigen, dass meine kurzen, stressfreien Abwesenheiten von zu Hause gar nicht so beängstigend waren. Und irgendwann schaffte er es, damit klarzukommen.

Wissenschaftlich fundiertes Hundetraining

Dieser Durchbruch machte mich süchtig nach evidenzbasiertem – also wissenschaftlich fundiertem – Training. Alles, was Sie in diesem Buch lesen, beruht auf Beweisen.

Bevor ich erfuhr, dass es eine wissenschaftliche Methode für das Hundetraining gibt, dachte ich (wie viele andere Hundebesitzer auch), dass es dabei einfach nur darauf ankommt, »zu wissen, wie Hunde ticken«.

Doch je tiefer ich in die Welt des Hundetrainings eintauchte und je mehr ich darüber lernte, wie Hunde lernen, umso klarer wurde mir, dass evidenzbasiertes Hundetraining der Schlüssel dazu ist, einem Hund mit Trennungsangst zu helfen.

Es ist schlicht und einfach eine wissenschaftlich fundierte Methode.

Hunde lernen durch Assoziation. Sie entwickeln Ängste durch Assoziation, und sie lernen, ihre Angstreaktionen durch Assoziation zu ändern.

Beim Hundetraining geht es weder darum, Ihr Tier zu vermenschlichen, noch um Voodoo-Magie, noch um seinen »Wunsch zu gefallen« und auch nicht um eine Lernmethode, die auf dem Mythos beruht, dass Sie als Hundebesitzer unbedingt der »Chef« sein müssen.

Es geht vielmehr darum, Techniken einzusetzen, die auf den Gesetzen beruhen, nach denen Tiere lernen. Das Besondere an dieser Methode ist, dass sie auf wissenschaftlichen Erkenntnissen beruht, die wir schon seit Jahren kennen. Sie ist so alt, dass sie völlig neu zu sein scheint.

Dieses evidenzbasierte Training hat mir geholfen, Percys Trennungsangst zu überwinden. Und dazu musste ich ihn weder anschreien noch sein Verhalten korrigieren, ihn auf den Rücken drehen oder ihm mit aversiven Trainingsmethoden (zum Beispiel mit einem Anti-Bell-Halsband) Schmerzen zufügen.

Denn was kann es bringen, einem ohnehin schon ängstlichen Hund Angst einzujagen oder Schmerzen zu bereiten? Angst mit Angst zu bekämpfen, ist die falsche Lösung.

Am Ende dieses Buches werde ich Ihnen genau erklären, warum viele der Werkzeuge, die es gegen Trennungsangst zu kaufen gibt, nicht funktionieren. Doch vorläufig brauchen Sie nur eines zu wissen: Wenn Ihr Hund unter Trennungsangst leidet, sollten Sie ihn allmählich ans Alleinsein gewöhnen. So einfach (oder vielleicht auch so kompliziert) ist das.

> Das evidenzbasierte Training hat mir geholfen, Percys Trennungsangst zu überwinden. Und dazu musste ich ihn weder anschreien noch sein Verhalten korrigieren, ihn auf den Rücken drehen oder ihm mit aversiven Trainingsmethoden Schmerzen zufügen.

Warum ich Hundetrainerin geworden bin

Nach meinen Erfahrungen mit Percys Trennungsangst wurde ich geradezu süchtig nach gewaltfreiem, evidenzbasiertem Hundetraining.

Mein Mann und ich haben damals, als wir versuchten, Percy zu helfen, so viel durchgemacht, dass es mir ein großes Anliegen war, anderen Besitzern und Hunden diesen Kummer zu ersparen.

Das war mir so wichtig, dass ich dafür sogar meine Karriere aufgab, die mich rund um den Globus geführt, mir den Status einer hochrangigen Vielfliegerin eingebracht und mir einen Platz am Vorstandstisch einiger hochrenommierter Unternehmen gesichert hatte.

Ich liebte meinen damaligen Beruf, aber ich konnte damit nichts bewirken.

Es heißt, dass man nicht den Hund bekommt, den man will, sondern den, den man braucht. Percy war genau der Hund, den ich gebraucht habe, um mich aus meinem Dornröschenschlaf wachzurütteln und auf einen anderen beruflichen Weg zu bringen.

Und so beschloss ich, Hundetrainerin zu werden, um Hunden wie Percy – und was genauso wichtig ist: *Besitzern* von Hunden wie Percy – helfen zu können. Menschen, die es genauso schwer hatten wie mein Mann und ich.

In meiner beruflichen Karriere brauchte man bestimmte Qualifikationen, um anderen Leuten Ratschläge geben zu können. Daher wollte ich mich natürlich auch auf dem Gebiet des Hundeverhaltens und -trainings so gut wie möglich qualifizieren.

In der Welt des Hundetrainings gibt es allerdings ein schmutziges kleines Geheimnis: In den meisten Ländern kann sich jeder völlig legal als Hundetrainer bezeichnen. In dieser Branche gibt es keine gesetzlichen Bestimmungen, die Verbraucher vor unseriösen Anbietern schützen. Die mangelnde Reglementierung dieses Berufs ist jedoch keine Entschuldigung für mangelnde Qualifikation.

Ich war fest entschlossen, alles richtig zu machen, also meldete ich mich an der sogenannten Harvard University für Hundetraining an: Jean Donaldsons *Academy for Dog Trainers*. Und ich wurde von der führenden Expertin Malena DeMartini ausgebildet, die das bahnbrechende Trainerhandbuch *Treating Separation Anxiety in Dogs* geschrieben hat.

So wurde ich schließlich eine Trainerin und Verhaltensberaterin, die mittlerweile schon Hunderten von Hunden mit Trennungsangst geholfen hat. Der erste Anstoß dazu waren die Kommentare meiner Nachbarin, als Nächstes wollte ich Percy bei der Überwindung seiner Trennungsangst helfen, und schließlich gelangte ich zu der Erkenntnis, dass es tatsächlich eine »richtige«, wissenschaftlich fundierte, evidenzbasierte Methode gibt, mit der man ihm und anderen Hunden helfen kann.

In diesem Buch finden Sie Praxistipps und Strategien, wie man seinem Hund über Trennungsangst hinweghilft, und außerdem Links zu einer dazugehörigen Website mit Dateien zum Herunterladen und Ausdrucken.

Zusammenfassung

- Ihr Hund ist nicht böse oder wütend. Er leidet an einer Panikstörung. Sie tragen keine Schuld an seinem Problem.
- Konzentrieren Sie sich auf das, was funktioniert, und blenden Sie alles aus, was nicht funktioniert (mitsamt den schlechten Ratschlägen, die Sie zu hören bekommen). Dann werden Sie Erfolg haben.

KAPITEL 1

Was ist Trennungsangst?

Verschiedene Ursachen von Trennungsangst

Hunde mögen Gesellschaft. Sie sind gerne mit uns zusammen. Dr. John Bradshaw – ein führender Experte auf dem Gebiet der Trennungsangst bei Hunden – schreibt in einem Artikel in *The Guardian*: »Die meisten Hunde hassen es, allein gelassen zu werden … Man kann Hunde darauf trainieren, mit dem Alleinsein zurechtzukommen. Aber nur wenige Besitzer wissen, dass sie das tun können (und sollten).«

Andere Hunde finden es vielleicht einfach nur langweilig und frustrierend, allein zu Hause zu sein.

Aber woher weiß man, welche dieser Ursachen zutrifft? Ist Ihr Hund einfach enttäuscht darüber, dass Sie ihn verlassen haben, oder flippt er richtiggehend aus? Das ist nicht so leicht zu erkennen, wie Sie vielleicht denken, aber es gibt ein paar aufschlussreiche Anhaltspunkte dafür.

Wie definiert man Trennungsangst?

Ihr Hund ist nicht einfach nur verärgert, weil Sie ohne ihn fortgegangen sind. Hunde mit Trennungsangst haben eine Phobie vor dem Alleinsein: Sie zeigen Anzeichen von Panik, wenn man sie länger allein lässt, als sie verkraften können.

Diese Hunde bekommen Angst, wenn sie allein sind, doch solange jemand – egal wer – bei ihnen ist, geht es ihnen gut.

Der eigentliche Fachbegriff für diesen Zustand lautet »Isolationsstress«, doch normalerweise verwendet man dafür das Wort »Trennungsangst«.

Manche Hunde brauchen die Gesellschaft einer bestimmten Person (oder bestimmter Personen), um keine Angst zu haben. Aber das kommt viel seltener vor – den meisten Hunden geht es gut, solange irgendjemand bei ihnen ist. Nur wenn ein Hund die Nähe *einer bestimmten Person* braucht, um keine Angst zu haben, leidet er unter echter Trennungsangst. Man spricht in diesem Zusammenhang auch von *Hyper-Attachment* oder *überstarker Bindung.*

In diesem Buch verwende ich für beide Verhaltensweisen den Oberbegriff *Trennungsangst.* In Kapitel 4 werde ich spezielle Strategien für den Umgang mit überstarker Bindung erläutern.

Häufige Anzeichen von Trennungsangst

Auf folgende Anzeichen sollte man achten, um herauszufinden, ob ein Hund unter Trennungsangst leidet:

- Übermäßiges Bellen, Winseln, Jaulen und Heulen
- Anknabbern oder Kaputtmachen von Fußböden, Wänden und Türen, vor allem in der Nähe der Haus- oder Wohnungstür
- Verzweifelte Fluchtversuche, die manchmal sogar so weit gehen, dass der Hund sich selbst verletzt
- Koten oder Urinieren in Haus oder Wohnung (vor allem, wenn der Hund ansonsten stubenrein ist)
- Große Unruhe schon lange, bevor Sie weggehen

Viele Menschen glauben, dass ein Hund *alle* diese Verhaltensweisen zeigen muss, damit man bei ihm von Trennungsangst sprechen kann. Oft höre ich Hundebesitzer sagen: »Ich glaube nicht, dass es Trennungsangst ist, denn wenn ich weg bin, bellt er nur« oder »Es sieht nicht nach Trennungsangst aus, denn er macht zwar Sachen in der Wohnung kaputt, aber die Nachbarn haben sich noch nie darüber beschwert, dass er heult.«

Manche Hunde mit Trennungsangst zeigen keine der oben aufgeführten häufigeren Problemverhaltensweisen, sondern andere Zeichen von Angst:

Sich die Schnauze lecken	Hecheln
Speicheln, sabbern	Winseln, leise weinen
Regungslos dasitzen oder -liegen	Sich verstecken
Sich verkriechen	Zittern
Weit aufgerissene Augen	Die Ohren anlegen
Den Schwanz einziehen	Unruhig in der Wohnung auf und ab laufen
Sich ängstlich zusammenducken	Schlottern

Trennungsangst: Was könnte sonst noch dahinterstecken?

Wir erkennen Trennungsangst, indem wir uns das Gesamtverhalten des Hundes anschauen und nicht nur auf ein oder zwei Verhaltensweisen achten. Um das Verhalten eines Hundes zu analysieren, braucht man stets Videomaterial. Wir suchen nach länger andauernden Verhaltensweisen, die auf Angst hindeuten und nur dann auftreten (oder sich verschlimmern), wenn Sie nicht zu Hause sind.

Manchmal ist die Beurteilung schwierig – vor allem, weil vieles, was Hunde tun, wenn sie allein zu Hause sind, nicht nur durch Trennungsangst, sondern auch durch andere Auslöser verursacht werden kann.

In der unten stehenden Tabelle finden Sie eine Zusammenfassung anderer möglicher Ursachen für das Verhalten Ihres Hundes:

Problemverhalten, wenn der Hund allein zu Hause ist	Andere mögliche Ursachen
Kaputtmachen von Möbeln oder Einrichtungsgegenständen	• Ein gelangweilter Hund, der spielt und Spaß haben will • Ein zahnender Welpe, der versucht, etwas gegen sein schmerzendes Zahnfleisch zu tun • Mäuse oder andere Schädlinge im Haus • Ein älterer Hund mit kognitiven Problemen • Angst vor Lärm, Sturm oder Gewitter

Problemverhalten, wenn der Hund allein zu Hause ist	Andere mögliche Ursachen
Koten oder Urinieren in das Haus oder die Wohnung	• Gesundheitliche Probleme • Probleme mit der Stubenreinheit • Man hat ihn zu lange ohne Pinkelpause in der Wohnung gelassen • Bestimmte Medikamente • Kognitive Probleme • Ernährungsumstellung • Parasiten
Bellen, Heulen, Winseln	• Geräusche auf der Straße • Geräusche von anderen Hausbewohnern • Jemand an der Tür • Ein anderer Hund, der heult • Geräusche in der Wohnung • Langeweile

Welches Verhalten deutet nicht auf Trennungsangst hin?

Das größte Problem bei der Diagnostik von Trennungsangst besteht darin, dass gelangweilte oder frustrierte Hunde oft scheinbar ähnliche Verhaltensweisen zeigen (vor allem Bellen, Anknabbern und Kaputtmachen von Möbeln oder sonstigen Einrichtungsgegenständen).

Das kann verwirrend sein, doch die in der obigen Tabelle aufgeführten Verhaltensweisen sind bei Hunden mit Trennungsangst oft ausgeprägter und halten länger an.

Nehmen wir zum Beispiel den Hund, der Angst davor hat, etwas zu verpassen: Ein solcher Hund kann den Gedanken nicht ertragen, dass irgendetwas Aufregendes passieren könnte, wenn er nicht dabei ist. Sobald Sie weggehen, fängt der Hund an zu bellen. Vielleicht beginnt es mit einem »Hey, ich glaube, du hast vergessen, mich mitzunehmen?«, steigert sich aber schnell zu einem Wutanfall: »Du kannst doch nicht einfach ohne mich losgehen!« Solche Hunde bellen so lange weiter, bis sie merken, dass das nichts bringt. Danach geben sie auf und schlummern für den Rest Ihrer Abwesenheit friedlich vor sich hin.

Dann gibt es noch den Wachhund, dessen Lebensaufgabe darin besteht, Sie vor lebensbedrohlichen Gefahren (zum Beispiel dem Paketboten) zu warnen. Solche Hunde sitzen, während Sie weg sind, vielleicht die ganze Zeit am Fenster und verbellen jeden, der vorbeigeht. Wenn Sie Ihrem Hund das untersagen, solange Sie zu Hause sind, steigert er sich während Ihrer Abwesenheit womöglich noch mehr in dieses Verhalten hinein.

Manche Hunde, die allein zu Hause sind, knabbern Gegenstände an, weil sie sich langweilen. Wieder andere verrichten während Ihrer Abwesenheit ihr Geschäft in der Wohnung, weil sie gelernt haben, dass es ungefährlicher ist, auf den Teppich zu pinkeln, wenn niemand da ist, der sie deshalb anschreien kann.

Keiner dieser Hunde ist verängstigt. Vielleicht langweilen sie sich, sind frustriert und/oder überdreht – aber sie sind nicht in Panik.

Vergleichen Sie diese Beispiele nun einmal mit dem Verhalten eines Hundes mit Trennungsangst, der sich so große Sorgen macht, dass das Bellen während der Dauer Ihrer Abwesenheit immer mehr eskaliert, oder eines in Panik geratenen Hundes, der so aufgeregt ist, dass er sich bei dem Versuch, sich einen Weg nach draußen zu buddeln, die Krallen ausreißt.

Ich teile diese Verhaltensweisen von Hunden, die allein zu Hause sind, in zwei verschiedene Kategorien ein: »denkendes« und »emotionales« Verhalten.

Denkendes Verhalten bedeutet, dass der Hund sich eine Strategie zurechtlegt. Wenn er sprechen könnte, würde er womöglich sagen: »Wenn ich laut genug belle, kommen sie vielleicht zurück und gehen mit mir spazieren« oder »Dieses Tischbein sieht so aus, als ob man damit eine Menge Spaß haben könnte. Ich könnte mich danebenlegen und den ganzen Nachmittag daran rumknabbern.«

Wie alle hochentwickelten Tiere stecken Hunde genau so viel Aufwand in ein Verhalten, wie das Ergebnis es rechtfertigt. Wenn das ständige Bellen, mit dem der Hund erreichen möchte, dass Herrchen oder Frauchen mit ihm spazieren geht, nicht früher oder später zu einem Spaziergang führt, wird der denkende Hund aufgeben. Denn Hunde tun normalerweise das, was funktioniert.

Emotionales Verhalten dagegen entbehrt einer solchen kalkulierten Logik oder Absicht. Höchstwahrscheinlich hat der Hund gar keine Kontrolle über sein Verhalten. Er denkt nicht nach. Und es sieht auch nicht so aus, als ob er in der Lage wäre, mit seinem Verhalten aufzuhören.

Wenn das Bellen oder Knabbern auf Angst zurückzuführen ist, wird der Hund es so lange fortsetzen, wie er Angst hat.

Das ist so ähnlich wie mit dem Schreien der Fahrgäste in einer Achterbahn: Es hört erst auf, wenn die Achterbahn anhält.

Patricia McConnell weist in ihrem einflussreichen Buch *Waldi allein zu Haus* darauf hin, dass es möglicherweise der Selbstberuhigung dient, wenn der Hund seine Ängste ausagiert. Und genau darin liegt seine Belohnung für die Anstrengung.

> Gelangweilte oder frustrierte Hunde zeigen oft scheinbar ähnliche Verhaltensweisen wie Hunde mit Trennungsangst (vor allem Bellen, Anknabbern und Kaputtmachen von Möbeln oder anderen Einrichtungsgegenständen).

Diese Ähnlichkeit im Verhalten von Hunden, die allein zu Hause sind, kann verwirrend sein, aber wenn ich Ihnen einen wesentlichen Unterschied zwischen verängstigten und gelangweilten Hunden nennen sollte, dann wäre es die Dauer des Verhaltens.

Wenn Sie den Besitzer eines Hundes mit Trennungsangst fragen, wie lange der Hund sein Verhalten durchhält, dann lautet seine Antwort normalerweise: »So lange, wie wir weg sind.«

Wie ich Ihnen in diesem Buch zeigen möchte, äußert sich Trennungsangst bei jedem Hund anders; dieses Verhalten lässt sich nur schwer auf einen gemeinsamen Nenner bringen. Manche Hunde legen während der Abwesenheit ihres Besitzers nur hin und wieder problematisches Verhalten an den Tag, doch die meisten zeigen dieses Verhalten so lange, bis der Hundehalter wieder zurückkehrt.

> Mit emotionalem Verhalten ist es so ähnlich wie mit dem Schreien der Fahrgäste in einer Achterbahn: Es hört erst auf, wenn die Achterbahn anhält.

Überstarke Bindung

Übermäßig anhängliche Hunde kleben auf Schritt und Tritt an ihrem Besitzer, egal in welchem Zimmer der Wohnung oder des Hauses Sie sich gerade befinden. Diese Kletten unter den Hunden leiden jedoch nicht unbedingt an Trennungsangst. Viele Hunde folgen ihrem Besitzer gerne wie ein Schatten überallhin, geraten aber trotzdem nicht in Panik, wenn er das Haus verlässt.

Einigen wissenschaftlichen Untersuchungen zufolge haben Hunde mit Trennungsangst manchmal auch eine überstarke Bindung an ihren Besitzer. Das bedeutet aber nicht, dass Trennungsangst durch eine besonders enge Bindung zwischen Ihnen und Ihrem Hund *verursacht* wird. Besitzer, die schon mehrere sehr anhängliche, aber ansonsten normale Hunde hatten, werden Ihnen sagen, dass sie bei dem Hund, der dann später Trennungsangst entwickelte, alles genauso gemacht haben wie bei ihren anderen Hunden.

Später werden wir noch ausführlicher darauf eingehen, warum man mit taktischen Strategien gegen Trennungsangst-Symptome nichts ausrichten kann. Vorläufig brauchen Sie jedoch nur zu wissen, dass wir das emotionale Bellen, Anknabbern oder Koten und Urinieren nicht stoppen können, ohne die Ursache dafür anzugehen.

»Warum macht er das nur, wenn ich weg bin?«

Wenn Ihrem Hund immer nur dann ein Malheur in der Wohnung passiert, wenn Sie nicht da sind, kann es sich entweder um Ängstlichkeit oder um ein Problem mit der Stubenreinheit handeln. Auf den ersten Blick sieht es vielleicht so aus, als sei er heimtückisch oder bockig. Doch in Wirklichkeit steckt etwas ganz anderes dahinter.

Ängstlichkeit

Hunde, denen nur dann ein Missgeschick passiert, wenn sie allein zu Hause sind, empfinden das Alleinbleiben möglicherweise als Stress. Wenn Sie ganz sicher sind, dass das immer nur in dieser Situation geschieht, könnte es sich um Trennungsangst handeln. Achten Sie zunächst auf andere typische Trennungsangst-Symptome wie beispielsweise Lautäußerungen, Anknabbern oder Kaputtmachen von Einrichtungsgegenständen. Haben Ihre Nachbarn sich schon mal darüber beschwert, dass er bellt, wenn Sie nicht da sind? Haben Sie Knabber- oder Kratzspuren an Möbeln oder Einrichtungsgegenständen entdeckt?

Zweitens: Vergewissern Sie sich, ob das Koten oder Urinieren wirklich nur in Ihrer Abwesenheit vorkommt. Schauen Sie sich gründlich im Haus um, vor allem in Räumen, die Sie nicht so oft betreten. Vergewissern Sie sich, ob Ihr Hund nicht heimlich an einem abgelegenen Plätzchen – in sicherer Entfernung von Ihnen – sein Geschäft erledigt.

Wenn Sie sicher sind, dass er sich wirklich nur dann im Haus erleichtert, wenn er allein ist – und wenn Sie auch noch andere Verhaltensweisen beobachtet zu haben glauben, die man mit Ängstlichkeit in Verbindung bringt (zum Beispiel Anknabbern, Zerstören oder Lautäußerungen) –, besteht die Möglichkeit, dass Ihr Hund unter Trennungsangst leidet.

Ein Problem mit der Stubenreinheit

Passiert es Ihnen immer wieder, dass Sie mit Ihrem Hund Gassi gehen, ohne dass er sein Geschäft erledigt? Oder warten Sie immer wieder vergeblich darauf, dass sich etwas tut – doch sobald Sie ihm den Rücken zuwenden, hebt er sofort das

Bein oder macht sein Häufchen? Manche Hunde entwickeln eine »umgekehrte Stubenreinheit«: Es ist ihnen unangenehm, ihr Geschäft vor den Augen von Herrchen oder Frauchen zu erledigen – sei es im Garten, auf Spaziergängen oder im Park.

Wenn das so ist, hat Ihr Hund schlicht und einfach beschlossen, dass es keine gute Idee ist, sich vor Ihren Augen zu erleichtern. Hunde haben ein sehr feines Gespür für Situationen und sind wahre Experten darin, herauszufinden, was gefährlich und was ungefährlich für sie sein könnte. Wenn Sie Ihren Hund früher öfters ausgeschimpft oder bestraft haben, weil er sein Geschäft im Haus erledigt hat, ist er vielleicht auf die Idee gekommen, dass es gefährlich ist, sich zu erleichtern, wenn Sie ihn dabei *beobachten können*. Aber wenn Sie weg sind, ist die Luft rein – und deshalb finden Sie beim Nach-Hause-Kommen öfters einen verschmutzten Teppich vor.

Es ist wichtig, herauszufinden, ob es sich dabei um ein bloßes Stubenreinheitsproblem handelt oder ob Ihr Hund verängstigt ist, wenn Sie ihn allein lassen. Wenn er unter Trennungsangst leidet, dann befolgen Sie bitte die Ratschläge in diesem Buch. Wenn er ein Stubenreinheitsproblem hat, sollten Sie mit seinem Sauberkeitstraining noch einmal ganz von vorn anfangen. Mehr zum Thema Stubenreinheit erfahren Sie in Anhang B.

Ursachen von Trennungsangst

»Ist es meine Schuld, dass mein Hund unter Trennungsangst leidet?« Das ist wohl die häufigste Frage, die Hundebesitzer sich stellen, wenn sie von dem Dilemma ihres Lieblings erfahren, und oft ist die Versuchung, sich selbst die Schuld daran zu geben, dann sehr groß.

Vielleicht haben Sie ein schlechtes Gewissen, weil Sie glauben, die Trennungsangst Ihres Hundes selbst verschuldet zu haben. Sie befürchten, ihm mit Ihrem Versagen als Besitzer (Ihren mangelnden Führungsqualitäten) unermessliches Leid zugefügt zu haben.

Das jedenfalls besagen die häufigsten Mythen zum Thema Hundeerziehung, das haben unzählige Google-Suchen Ihnen verraten, und vielleicht haben Ihnen das auch schon ein paar Hundetrainer gesagt. Aber das stimmt nicht: Sie haben Ihren Hund nicht dazu gebracht, eine Panikstörung zu entwickeln.

Weder Sie noch Ihr Hund sind daran schuld.

Den Besitzern die Schuld an dem Problem zu geben, scheint unserem Bedürfnis nach Klärung der Ursachen für die Trennungsangst von Hunden zu entspringen – obwohl niemand den wahren Grund dafür kennt. Doch den Besitzern die Schuld in die Schuhe zu schieben, ist zu einfach, und womöglich bekommen Sie dadurch mit der Zeit ein furchtbar schlechtes Gewissen, obwohl Sie gar nichts dafür können.

Fallbeispiel

Lucy und Bobby

Selbst der Hund eines erfahrenen Trainers kann Trennungsangst entwickeln!

Wenn es einen Fall gibt, der zeigt, dass Sie nicht an der Trennungsangst Ihres Hundes schuld sind, dann ist es die Geschichte von Lucy und Bobby. Lucy ist eine erfolgreiche Flyball-Hundetrainerin und außerdem zertifizierte Trainerin für

Haushunde. Sie hat über 30 eigene Hunde trainiert und unzählige Hundehalter bei der Erziehung ihrer Tiere unterstützt.

Doch Bobby – der es immerhin zum Weltklasse-Flyball-Spieler gebracht hatte – entwickelte trotzdem Trennungsangst. Lucy behandelte Bobby genauso wie alle anderen Hunde, die sie bisher gehabt hatte: Sie gewöhnte ihn an die Hundebox, trainierte ihn auf Gehorsam und bot ihm jede Menge Anregung und Beschäftigung – doch irgendwie kam er nicht damit zurecht, allein zu Hause zu bleiben.

Das machte Lucy fix und fertig. Meine erste Aufgabe bestand darin, ihr zu versichern, dass sie an dieser Situation keine Schuld trug. Ich machte ihr klar, dass Bobby wahrscheinlich einfach eine besondere Veranlagung für Trennungsangst hatte. Denn wenn der Fehler bei Lucy läge, dann hätte sie dieses Problem auch schon bei anderen Hunden erlebt, die sie trainierte.

Nachdem ich Lucy davon überzeugt hatte, sich keine Vorwürfe mehr zu machen, begann ich mit einem maßgeschneiderten Trainingsprogramm für sie und ihren Hund. Denn Lucy wurde klar, dass der Umgang mit Trennungsangst ihr trotz ihrer Erfahrung als Hundetrainerin nicht lag. Genauso wie ich nicht in der Lage gewesen wäre, einen Flyball-Champion zu trainieren, traute sie es sich nicht zu, ihrem Hund die Trennungsangst zu nehmen.

Mein Trainingsprogramm war sehr erfolgreich: Lucy ließ Bobby fortan nicht mehr allein und hielt sich genau an die Übungen, die ich für sie und ihren Hund entwickelt hatte.

Inzwischen kommt Bobby gut allein zurecht, wenn Lucy in der Arbeit ist. Er wartet morgens ganz entspannt, bis sein Gassigeher kommt, um ihn auszuführen, und bleibt dann wieder ruhig in der Wohnung, bis Lucy abends nach Hause zurückkehrt.

Wenn Sie glauben, dass Sie die Trennungsangst Ihres Hundes verursacht haben und dass es schwierig sein wird, sie zu überwinden, sollten Sie wissen, dass Lucy – eine erfahrene Hundetrainerin – das früher auch gedacht hat. Trotzdem ist es ihr gelungen, ihren Hund davon zu befreien – also stehen die Chancen gut, dass Sie das ebenfalls schaffen werden.

Unser Bedürfnis zu wissen, warum

Nach Meinung von Psychologen ist die Vermeidung von Ungewissheit eine der wichtigsten Triebfedern menschlichen Verhaltens. Wenn wir etwas nicht verstehen, richten wir unser ganzes Augenmerk darauf, eine konkrete Erklärung dafür zu finden. Und wenn wir *keine* Erklärung finden, ist unser Gehirn darauf programmiert, diese Lücke irgendwie zu füllen.

Dr. Maria Konnikova, die Autorin des Buches *Mastermind: How to Think Like Sherlock Holmes (Die Kunst des logischen Denkens)* drückt das folgendermaßen aus:

> Der menschliche Verstand hat eine unglaubliche Abneigung gegen Ungewissheit und unklare Situationen. Von Kindheit an reagieren wir auf Unklarheit oder Ungewissheit, indem wir uns spontan plausible Erklärungen dafür zurechtlegen. Und nicht nur das: Wir halten an diesen erfundenen Erklärungen fest, als ob sie einen besonderen Wert hätten. Wenn wir sie einmal haben, geben wir sie nur ungern wieder auf.

Uns liegen zwar viele wissenschaftlich fundierte Informationen über das Verhalten von Hunden vor, aber die Wissenschaft weiß leider auch nicht alles. Manchmal lautet die Antwort eben einfach: »Wir wissen es nicht.«

Auf der Suche nach Antworten

Wenn Ihr Hund unter Trennungsangst leidet, ist es kein Wunder, dass Sie verzweifelt nach Antworten suchen. Schließlich dreht er schon durch, sobald Sie auch nur daran denken, wegzugehen, während die Hunde Ihrer Freunde allesamt glücklich und zufrieden allein zu Hause bleiben.

Da wir unsere Hunde nicht fragen können, wo die Ursache für ihre Trennungsangst liegt, kommen wir auf eigene Ideen. Die meisten unserer Theorien lassen sich weder beweisen noch widerlegen und entwickeln mit der Zeit ein Eigenleben, das für immer und ewig in der Populärkultur von Hundebesitzern verankert bleibt.

Wir hängen an diesen Konzepten, denn sie geben uns Antworten und – was noch wichtiger ist – scheinen eine Lösung in greifbare Nähe zu rücken. *Wenn ich meinem Hund nicht erlaube, mir überallhin nachzulaufen, wird er nicht mehr so anhänglich sein. Und dann wird er sich auch nicht mehr aufregen, wenn ich weggehe.* Oder: *Wenn ich weniger gestresst bin, wird bestimmt auch mein Hund ruhiger.*

Diese scheinbar einfachen Lösungen können katastrophale Auswirkungen haben. Sie sind einfach zu simpel, sodass der Besitzer damit zwangsläufig scheitern muss – und dann unter Umständen starke Schuldgefühle entwickelt.

Was wir über die Ursachen von Trennungsangst wissen

Wir können Hunde nicht fragen, warum sie unter Trennungsangst leiden, aber wir können solche Fälle analysieren, um mehr darüber zu erfahren, was mit diesen Tieren los sein könnte. Man hat die Faktoren, die zur Trennungsangst beitragen, wissenschaftlich untersucht. (Im Anhang dieses Buches finden Sie nähere Informationen zu einigen dieser Untersuchungen.)

Über folgende Faktoren gibt es widersprüchliche Erkenntnisse:

- Bindung an den Besitzer
- Struktur der Besitzerfamilie
- Rasse des Hundes und
- Auswirkungen einer Abgabe ins Tierheim

Mit anderen Worten: Es gibt keine schlüssigen Beweise dafür, dass irgendetwas, was Sie getan haben, als Ihr Hund noch jung war, oder Ihr heutiger Umgang mit ihm seine Trennungsangst verursacht hat. Viele Hundehalter versichern mir: »Ich hatte schon mein Leben lang Hunde, und bisher war noch nie einer mit Trennungsangst dabei. Dieser hier ist der erste – und ich verstehe einfach nicht, warum!« Solche Kommentare habe ich sogar schon über Hunde gehört, die es bis zum Champion gebracht haben.

Könnte es sein, dass diese lebenslangen Hundebesitzer bei *diesem einen Hund* irgendetwas anders gemacht haben als sonst? Möglich.

Doch viel wahrscheinlicher ist es, dass der betreffende Hund einfach schon von vornherein eine besondere Veranlagung für Trennungsangst mitbrachte.

Um noch einmal auf die Ursachen dieses Problems zurückzukommen – es gibt auch ein paar Einflussfaktoren, über die in der Forschung mehr Einigkeit herrscht:

- Erfahrungen in den ersten Lebenswochen spielen eine Rolle.
- Auch größere Lebensveränderungen können sich auf die Trennungsangst eines Hundes auswirken. (Aber was wollen Sie mit dieser Information anfangen? Niemals umziehen? Nie den Arbeitsplatz wechseln? Keine neue Beziehung eingehen?)
- Hunde, die aus einer Zoohandlung stammen, entwickeln mit größerer Wahrscheinlichkeit Trennungsangst.
- Hunde, die in höherem Alter aus einem Tierheim adoptiert werden, sind anfälliger für Trennungsangst. (Man weiß aber noch nicht genau, ob das tatsächlich eine Ursache oder nur reiner Zufall ist.)
- Auch das Geschlecht des Hundes spielt dabei eine Rolle. (Den meisten wissenschaftlichen Untersuchungen zufolge sind männliche Hunde anfälliger für Trennungsangst.)

Hätten Sie irgendetwas anders machen können?

Ich glaube zwar nicht, dass wir als Besitzer die Trennungsangst unserer Hunde verursachen, aber wenn wir vorher gewusst hätten, dass ein Hund Trennungsangst entwickeln wird, hätten wir vielleicht vorbeugende Maßnahmen ergreifen können. Das ist etwas ganz anderes, als zu behaupten, wir hätten dieses Problem *verursacht.*

Schauen wir uns ein Beispiel dazu an.

Manche Hunde haben Angst vor Fremden. Um das zu verhindern, sozialisieren wir sie bereits im Welpenalter, um sie in einem sicheren Umfeld mit möglichst vielen Menschen bekannt zu machen. Und wir achten auch darauf, dass unser Welpe keine beängstigenden Erfahrungen mit anderen Menschen macht.

Diese Sozialisation ist zwar keine Garantie dafür, dass der Welpe später keine Angst vor fremden Menschen entwickelt, aber sie ist die beste Möglichkeit, die wir haben, um diesem Problem vorzubeugen. Viele Hunde, die nicht richtig sozialisiert wurden, entwickeln später trotzdem keine Ängste. Aber *wenn* Hunde Ängste entwickeln, ist das oft auf einen Mangel an adäquater Sozialisation zurückzuführen.

> Sozialisation ist die beste Möglichkeit, die wir haben, um Angstproblemen vorzubeugen.

Wenn ein Hund große Angst vor fremden Menschen entwickelt, sagen wir nicht, dass Sie als Besitzer daran schuld sind, sondern fragen uns, ob der Hund eine ausreichende, angemessene Sozialisation erfahren hat. Das ist jedoch nicht dasselbe, wie zu sagen, dass der Hundehalter die Angst des Tiers verursacht hat.

Doch wenn ein Hund Trennungsangst entwickelt, besteht die erste Reaktion anderer Menschen oft darin, dem Besitzer die Schuld daran zu geben.

Einem Hund beizubringen, allein zu Hause zu bleiben, steht leider nicht auf unserer Liste der Sozialisationsmaßnahmen. Wir versuchen Ängsten vor dem Autofahren, dem Tierarzt, dem Hundesalon, ungewohnten Oberflächenstrukturen und anderen Dingen vorzubeugen – die Liste ist endlos. Aber ihren Hund ans Alleinsein zu gewöhnen, wird Hundehaltern nur selten empfohlen.

Stattdessen gehen wir einfach davon aus, dass unser Hund alleine schon irgendwie zurechtkommen wird. Eine Umfrage des *American Kennel Club* hat ergeben, dass 83 Prozent aller Hunde kein Problem damit haben, allein zu Hause zu bleiben. Das bedeutet zwar trotzdem, dass viele Hunde (immerhin 17 Prozent) Schwierigkeiten damit haben, doch den meisten Hunden macht es nichts aus. Also lassen wir unsere Hunde allein – egal ob sie damit klarkommen oder nicht. Und wenn Sie bisher schon zehn Hunde hatten, hat das vielleicht bei allen zehn gut funktioniert – nur bei Ihrem jetzigen Hund nicht.

Wenn ich Ihnen einen Ratschlag für die ersten Wochen und Monate mit einem Hund mit auf den Weg geben sollte, würde ich sagen: Gehen Sie niemals davon aus, dass er allein zurechtkommt. Gehen Sie lieber auf Nummer sicher. Schließlich sozialisieren wir Welpen sogar in Bezug auf Dinge, vor denen sie vielleicht nie Angst bekommen werden. Nur weil rund 80 Prozent aller Hunde allein bleiben können, ohne es erst lernen zu müssen, bedeutet das noch lange nicht, dass es sich nicht lohnt, bei jedem Hund ein Trennungsangst-Training durchzuführen.

Durch frühzeitiges Training kann man ein Problem nicht beheben. Manche Hunde entwickeln trotzdem Ängste, während andere auch ohne Training nicht zu Ängsten neigen. Aber ein frühzeitiges Training ist die beste Vorbeugungschance, die wir haben.

Hier noch ein letztes Gegenargument für die »Ist der Besitzer daran schuld?«-Debatte: Vielen Hundehaltern wird vorgeworfen, die Trennungsangst ihres Hundes dadurch zu verursachen, dass sie zu nachsichtig mit ihm umgehen oder ihn verhätscheln. Dabei gibt es nachweislich ein Verhalten, das zur Entstehung von Trennungsangst beiträgt und das fast alle Besitzer von Hunden mit Trennungsangst zeigen (oder früher einmal gezeigt haben): nämlich, ihren Hund länger allein zu lassen, als er verkraftet.

Das tun wir natürlich nicht, weil wir glauben, dass seine Angst dadurch schlimmer wird, sondern höchstwahrscheinlich, weil man uns eingeredet hat, dass sich das Problem dadurch lösen lässt.

Wenn Sie seine Angst nicht verursacht haben – können Sie dann überhaupt etwas dagegen tun?

Hier kommt die gute Nachricht: Wir haben zwar keine eindeutige Antwort auf die Frage, was Trennungsangst verursacht, aber wir wissen, wie man sie beheben kann.

Beim Trennungsangst-Training üben wir mit Abwesenheitsphasen, die so kurz sind, dass der Hund keine Angst bekommt. Wir bleiben also unterhalb der sogenannten Angstschwelle des Hundes. Dadurch programmieren wir sein Gehirn so um, dass er Abwesenheit nicht mehr mit Angst assoziiert, sondern neutral darauf reagiert.

Immer mehr wissenschaftliche Untersuchungen zeigen, dass eine vorsichtige, schrittweise Gewöhnung des Hundes an kurze Abwesenheiten die beste Methode zur Behandlung von Trennungsangst ist. (Diese Methode funktioniert sogar noch besser, wenn Sie dem Hund zusätzlich angstlindernde Medikamente verabreichen. Auf dieses Thema werden wir später noch näher eingehen.)

Wenn Sie sich den Kopf darüber zerbrechen, ob Sie die Trennungsangst Ihres Hundes verursacht haben, vergeuden

Sie wahrscheinlich wertvolle Zeit, die Sie für die Lösung des Problems nutzen könnten.

Die Überwindung der Trennungsangst Ihres Hundes liegt in Ihrer Hand. Vielleicht fühlen Sie sich durch diese Tatsache zunächst enorm unter Druck gesetzt, doch ich hoffe, dass Sie Mut fassen und optimistischer sein werden, wenn Sie die richtige Hilfe und Unterstützung erhalten. Ich habe dieses Buch geschrieben, damit Sie lernen und verstehen, wie Sie die Trennungsangst Ihres Hundes bekämpfen können.

Bitte hören Sie auf, ein schlechtes Gewissen zu haben! Denn das brauchen Sie nicht, und es ist weder für Sie noch für Ihren Hund gut. Sie stehen nun schon am Anfang Ihres Weges zur Überwindung der Trennungsangst Ihres Hundes.

> Die Überwindung der Trennungsangst Ihres Hundes liegt in Ihrer Hand.

Acht Irrtümer über Trennungsangst, die wir ausräumen müssen

Als ob der Versuch, die Trennungsangst unseres Hundes in den Griff zu bekommen, nicht schon schwierig genug wäre, müssen wir uns als Hundebesitzer auch noch mit vielen irreführenden Informationen zu diesem Thema herumschlagen.

Die meisten dieser Ratschläge sind zwar gut gemeint, aber falsch. Bevor wir weitermachen, wollen wir also zunächst einmal mit ein paar Irrtümern über Trennungsangst und deren Behandlung aufräumen. Wie viele der folgenden Behauptungen kommen Ihnen bekannt vor?

IRRTUM NR. 1

Sie haben die Angst Ihres Hundes verursacht

Wie bereits erwähnt, weiß niemand, woher Trennungsangst kommt. Die Experten sind sich nicht darüber einig. Wie kann man dann behaupten, dass irgendein Verhalten von Ihnen die Trennungsangst Ihres Hundes verursacht hat? Diese Schuldzuweisung ergibt sogar noch weniger Sinn, wenn man bedenkt, dass Trennungsangst auch genetisch bedingt oder auf irgendein Erlebnis zurückzuführen sein kann, das Ihr Welpe hatte, bevor er zu Ihnen kam.

Die Trennungsangst Ihres Hundes könnte aus den verschiedensten Gründen entstanden sein. Niemand weiß es.

Aber was *wissen* wir?

Wenn Sie Ihren Hund in Ihrem Bett schlafen, auf dem Sofa liegen oder beim Spazierengehen vor sich herlaufen lassen, ist das nicht der Grund für seine Trennungsangst. Falls Ihnen irgendjemand etwas anderes einzureden versucht, hören Sie nicht darauf!

Wir wissen, dass es die Probleme eines Hundes mit Trennungsangst verschlimmern kann, wenn Sie ihn länger allein lassen, als er verkraftet. Und wir wissen auch, dass Veränderungen im Leben des Hundes starke Auswirkungen auf seine Trennungsangst haben können, doch dagegen lässt sich nicht viel tun. (Schließlich können Sie Ihren Umzug nicht auf später verschieben, nur damit Ihr Hund keine Trennungsangst entwickelt!)

Allerdings können Sie Ihre Abwesenheiten von zu Hause anders gestalten als bisher. Sie müssen einen Weg finden, Ihren Hund nicht mehr allein zu lassen – sei es durch eine Tagesbetreuung, einen Hundesitter oder Hundeausführer.

Wenn Sie Ihren Hund nicht mehr allein im Haus oder in der Wohnung lassen, wirkt sich das sofort positiv auf seine Lebensqualität aus und schafft die nötigen Voraussetzungen für ein erfolgreiches Training.

IRRTUM NR. 2

Ein zweiter Hund wird das Problem lösen

Auf den ersten Blick scheint das eine sehr naheliegende Lösung zu sein: Ihr Hund ist schlichtweg einsam – er braucht Gesellschaft. Doch leider hilft es den allermeisten Hunden nicht, wenn ihr Besitzer sich noch einen zweiten Hund anschafft.

Ein zweiter Hund im Haus kann die Situation sogar verschlimmern. Ihr neuer Hund könnte nämlich ein Alarmbeller sein, der glaubt, das Haus bewachen zu müssen, und den anderen Hund, der unter Trennungsangst leidet, dadurch triggern.

Und was ist, wenn die beiden Hunde sich nicht miteinander vertragen?

Die Anschaffung eines neuen Hundes ist eine einschneidende Veränderung. Bevor Sie ein neues Familienmitglied bei sich aufnehmen, sollten Sie die Vor- und Nachteile dieser Entscheidung genau abwägen.

IRRTUM NR. 3

Er weiß, dass er irgendetwas falsch gemacht hat, denn wenn Sie heimkommen, wirkt er schuldbewusst

Früher dachte man, dass das »unterwürfige« Gebaren des Hundes, wenn sein Besitzer nach Hause kommt und dort Chaos vorfindet, auf ein schlechtes Gewissen zurückzuführen ist. Doch wenn Ihr Hund mit angelegten Ohren und eingezogenem Schwanz in irgendeiner Ecke kauert, ist das kein Zeichen von Schuldbewusstsein, sondern von Angst.

Und warum reagiert er mit Angst? Nun ja, Hunde sind Weltmeister in der Herstellung von Assoziationen. Als Ihr Hund das letzte Mal etwas in der Wohnung kaputtgemacht hatte, sind Sie wahrscheinlich zur Tür hereingekommen und wütend geworden – eine verständliche Reaktion, wenn man in ein Katastrophengebiet kommt.

Und jetzt denkt Ihr Hund vielleicht, dass das Gleiche wieder passieren wird. Denn leider hat Ihr Hund keine Ahnung, warum Sie wütend sind! Manchmal bedeutet Ihre Rückkehr nach Hause eben einfach, dass Sie böse auf ihn sind. Also bekommt er dann Angst.

Alexandra Horowitz, die auf dem Gebiet der Hundeintelligenz forscht, hat ein Experiment über dieses »schuldbewusste« Verhalten durchgeführt. Sie konnte nachweisen, dass Menschen in der Körpersprache eines Hundes automatisch ein »schlechtes Gewissen« erkennen, wenn sie glauben, dass der Hund etwas falsch gemacht hat. In diesem Experiment spielte es jedoch gar keine Rolle, ob der Hund etwas ausgefressen hatte oder nicht: Entscheidend war, dass der Besitzer *dachte*, er hätte etwas ausgefressen.

In einem Interview in der Radio-Sendung »Talk of the Nation« im Jahr 2009 erklärte Dr. Horowitz:

> Es ist nicht so, dass Hunde keine Schuldgefühle empfinden können (das weiß man bisher noch nicht genau). Vielmehr hat das unterwürfige Gebaren des Hundes bei Ihrer Heimkehr nichts mit Schuldgefühlen zu tun. Höchstwahrscheinlich ist es Angst.

> Wenn Sie das nächste Mal Ihre Wohnung betreten und dort ein Riesenchaos vorfinden, versuchen Sie also, Ihren Hund deshalb nicht auszuschimpfen. Er hat es nicht getan, weil er ein böser Hund ist. Und er ist auch nicht wütend auf Sie. Er ist ganz einfach in Panik geraten, als Sie weggingen. Das ist alles.

IRRTUM NR. 4

Eine Hundebox ist die Lösung!

Früher dachten wir, dass es gegen Trennungsangst hilft, einen Hund in eine Box zu sperren. Nur leider haben viele Hunde mit Trennungsangst auch eine Phobie vor Boxen. Bei diesen Hunden verschlimmert sich die Panik durch das Einsperren sogar noch.

Wissen wir, warum Boxenphobie und Trennungsangst so häufig miteinander einhergehen? Eigentlich nicht, aber wenn ich raten müsste, würde ich sagen, dass die Box für einen Hund, der ohnehin schon Angst bekommt, wenn er allein ist, noch ein zusätzliches isolierendes Element darstellt.

Oder vielleicht hat ein Hund mit Trennungsangst einfach schon zu viel Zeit allein in seiner Box verbracht und dabei Angst gehabt und assoziiert die Box deshalb jetzt mit Angstgefühlen.

Wenn Ihr Hund die Wände anknabbert oder die Dielenböden aufreißt, ist eine Box in Ihren Augen vielleicht die einzige Lösung. Doch das ist ein Irrtum: Denn damit beugen Sie zwar einer weiteren Zerstörung Ihres Hauses vor, riskieren aber schwere physische und psychische Schäden bei Ihrem Hund.

In ihrer panischen Angst verletzen Hunde sich oft selbst, wenn sie aus der Box zu entfliehen versuchen. Die Erinnerung an diese Panik gräbt sich tief und unauslöschlich in ihr Gedächtnis ein. Unzerstörbare Hundeboxen nützen ebenfalls nichts. Denn selbst wenn diese Boxen tatsächlich »unkaputtbar« sind, schaffen Hunde es trotzdem, sich daran zu verletzen. Und auch wenn sie sich bei ihren Fluchtversuchen keinen körperlichen Schaden zufügen, kann der psychische Schaden, den das Einsperren eines panischen Hundes in eine zellenartige Kiste verursacht, doch irreversibel sein.

Ich habe nichts gegen Hundeboxen. Ganz im Gegenteil: Sie sind sehr sinnvolle Hilfsmittel, wenn es darum geht, leicht erregbare Hunde, die sonst vielleicht Besucher anspringen und zu Boden werfen würden, einzusperren oder einen Hund beim Tierarzt oder im Hundesalon in Schach zu halten.

Für einen ängstlichen Hund ist eine Box jedoch kein sicherer Zufluchtsort, sondern eine Bestrafung. Was können Sie also tun, um Möbel, Wände *und* Ihren Hund zu schützen? Hier ein paar Tipps:

- Versuchen Sie, Ihren Hund mithilfe von Babyschutzgittern und Raumteilern in seiner Bewegungsfreiheit einzuschränken, und nehmen Sie sein Verhalten während Ihrer Abwesenheit auf Video auf. Bei manchen Hunden bessert sich das Problem schon allein dadurch, dass sie nicht mehr in einer Box eingesperrt sind.
- Lassen Sie Ihren Hund nicht so lange allein, dass er in Panik gerät. Das mag sich schwierig anhören, ist aber einfacher, als Sie glauben. Denken Sie daran: Das bedeutet nicht unbedingt, dass Sie die ganze Zeit bei Ihrem Hund bleiben müssen. Sie müssen nur dafür sorgen, dass während Ihrer Abwesenheit *irgendjemand* da ist.

Fallbeispiel

Jo und Max

Eine Ausnahme von der Boxen-Regel

Als ich anfing, mit Jo zusammenzuarbeiten, hatte sie bereits ein Trennungsangst-Training mit ihrem Hund Max absolviert und sich auch viel Mühe mit seinem Hundeboxtraining gegeben.

Sie hatte damit jedoch nicht die gewünschten Fortschritte gemacht.

Ich erklärte ihr, dass sie sein bisheriges Trennungsangst-Training durch ein noch präziseres, maßgeschneidertes Trainingsprogramm ergänzen könne. Außerdem sprachen wir über das Thema Hundebox. Jo wollte Max während ihrer Abwesenheiten von zu Hause auch weiterhin in seine Box sperren, denn nur so konnte sie verhindern, dass er zu den Fenstern lief (wo er bellen würde).

Ich empfehle jedem Hundehalter, der so etwas vorhat, die Angstschwelle seines Hundes innerhalb und außerhalb der Box vorher miteinander zu vergleichen. Außerdem sollte er sich viel Zeit nehmen, um ihn an die Box zu gewöhnen.

Jo tat beides, und Max' Angstschwelle war in der Box tatsächlich niedriger als draußen. Deshalb habe ich ihr empfohlen, ruhig damit weiterzumachen.

Nach langem, anstrengendem Training bleibt Max jetzt problemlos zweieinhalb Stunden in seiner Box, während Jo außer Haus ist.

Das Beispiel von Max und Jo zeigt, dass es möglich ist, einen Hund in eine Box zu sperren, wenn man weggeht. Es zeigt aber auch, dass man so etwas richtig machen muss und dass es oft mehr Arbeit mit sich bringt. Falls Sie sich dafür entscheiden, sollten Sie unbedingt genauso viel Zeit dafür investieren, Ihren Hund an seine Box zu gewöhnen, wie Jo es bei Max getan hat.

IRRTUM NR. 5
Wenn Sie ihn »einfach bellen lassen«, gewöhnt er es sich irgendwann ab

Bellen kann ein Mittel zum Zweck, aber auch eine emotionale Reaktion sein. Denken Sie an das Kind, das »Krokodilstränen« vergießt, damit Sie ihm ein Eis kaufen, und an das Kind, das weint, wenn es hinfällt und sich das Knie aufschlägt! Das sind zwei verschiedene Arten von Tränen. Vielleicht ignorieren Sie die Krokodilstränen Ihres Kindes, aber Sie nehmen es in den Arm, wenn es stürzt.

Wenn Ihr Hund bellt, um seinen Willen durchzusetzen, können Sie ihn ruhig bellen lassen. Dann wird der Hund denken: *Hmm ... Das bringt mich nicht weiter. Also kann ich genauso gut damit aufhören.*

Doch das Bellen, das seiner Angst vor dem Alleinsein entspringt, hört nicht von selber auf. Diese Art von Gebell kann sich mit der Zeit sogar noch verschlimmern, denn ein solcher Hund hat beim Bellen kein bestimmtes Ziel vor Augen. Anfangs ist es vielleicht einfach nur ein: »Hey, wo bist du hingegangen? Komm zurück!«, aber solange die Angst bestehen bleibt, wird der Hund weiterbellen. Ängstliche Hunde können nicht klar denken. Je länger Sie einen Hund mit Trennungsangst allein lassen, umso ängstlicher wird er und umso mehr wird er bellen.

Wenn Sie Ihren Hund bisher »einfach bellen lassen« haben, machen Sie sich deshalb aber bitte keine allzu großen Vorwürfe. Wahrscheinlich sind Sie einfach davon ausgegangen, dass Ihr Hund es mit der »Krokodilstränen«-Methode versucht hat, und Ihnen ist gar nicht aufgefallen, dass er in Wirklichkeit in Panik war. So etwas kann sehr leicht passieren.

Wie kann man diese verschiedenen Arten des Bellens voneinander unterscheiden? Das ist gar nicht so einfach, aber eine Videoaufnahme kann Ihnen weiterhelfen. Die Körpersprache des Hundes gibt uns Aufschluss darüber, ob er verängstigt ist oder nicht. Wenn Sie also im Zweifel sind, nehmen Sie das Verhalten Ihres Hundes während Ihrer Abwesenheit auf Video auf und fragen Sie dann einen Fachmann um Rat. Er kann Ihnen helfen, herauszufinden, warum Ihr Hund bellt. (Nähere Informationen zum Umgang mit verschiedenen Arten von Gebell finden Sie in Anhang E.)

IRRTUM NR. 6

Wenn Sie Ihrem Hund ein Futterspielzeug geben, wird er sich schon beruhigen

Ein häufiges Anzeichen für Stress bei Hunden besteht – wie bei allen Tieren – darin, dass ihr Appetit nachlässt. Aus evolutionärer Sicht ist das durchaus sinnvoll: Stress ist eine Reaktion auf eine Bedrohung. Wenn die Gazelle in freier Wildbahn einen Löwen sieht, denkt sie nicht an etwas zu fressen, sondern ans Überleben. Wenn man Angst hat, muss der Körper seine Energie in die Bewältigung der Bedrohung stecken. Dann spielt das Verdauungssystem keine so wichtige Rolle mehr.

Bei den meisten Hunden mit Trennungsangst ist Futter also keine Lösung. Wenn Sie so einen Hund haben, kennen Sie das vielleicht schon: Bevor Sie weggehen, legen Sie Ihrem Hund den köstlichsten Kong oder den stinkendsten Bully Stick hin. Doch bei Ihrer Rückkehr hat er das Futter nicht angerührt. Erst wenn Sie wieder da sind, verschlingt er es.

Allerdings verlieren nicht alle Hunde mit Trennungsangst ihren Appetit, wenn sie allein sind. Manche Hunde fressen dann sogar mehr und heftiger. Diese Hunde sind aber trotzdem verängstigt. Sie haben nur eine andere Art, ihren Stress zu zeigen. Sobald sie ihr Futter aufgefressen haben, beginnen sie mit dem Repertoire an Verhaltensweisen, die sie normalerweise zeigen, wenn sie allein zu Hause sind.

Das Futter hat diese Hunde nicht weniger ängstlich gemacht; es hat sie nur von ihrem Stress abgelenkt. Immer wieder erleben wir, dass Hunde, die sich 30 Minuten bis eine Stunde lang mit Futter über ihre Trennungsangst hinwegtrösten, plötzlich vor Angst durchdrehen, sobald sie das Futter aufgefressen haben.

Also ist es besser, wenn Ihr Hund es schafft, ohne Futter mit dem Alleinsein klarzukommen. Denn wie soll ein Kong Ihren Hund den ganzen Tag beschäftigen, während Sie in der Arbeit sind?

Es gibt durchaus Situationen, in denen man Futter beim Trennungsangst-Training einsetzen kann. Auf dieses Thema werden wir in Kapitel 7 noch näher eingehen.

IRRTUM NR. 7

Ihr Hund hat das Haus verschmutzt/den Teppich angeknabbert, um sich dafür zu rächen, dass Sie weggegangen sind

Hunde denken nicht so wie wir Menschen. Sie haben nicht die gleichen Beweggründe für ihr Handeln.

Die Motive eines Hundes sind ganz einfach: Ist das gut für mich? Wird mein Leben dadurch besser oder schlechter? Er ist auf unschuldige Art und Weise egoistisch. Der Gedanke, sich an Ihnen zu »rächen«, geht Ihrem Hund also garantiert nicht durch den Kopf. Wenn Sie das Haus verlassen, gerät ein Hund mit Trennungsangst schlicht und einfach in Panik. Er fühlt sich unsicher und ist verängstigt.

Das Knabbern, Koten oder Urinieren hilft ängstlichen Hunden auf die gleiche Weise, wie Nägelkauen manche ängstliche Menschen beruhigt. Ihr Hund hat das also nur getan, weil er nicht anders konnte – nicht weil er wütend oder böse ist oder sich an Ihnen rächen will.

IRRTUM NR. 8

Welpen haben keine Trennungsangst

Früher dachten wir, dass Welpen nicht unter Trennungsangst leiden. Wenn sie bellen, dann tun sie das, um unsere Aufmerksamkeit auf sich zu ziehen. Obwohl das bei vielen Welpen tatsächlich der Fall ist, glauben Experten heute, dass bei Trennungsangst auch die Gene eine Rolle spielen könnten.

Die wissenschaftlichen Untersuchungen zu diesem Thema sind zurzeit noch im Gang, doch inzwischen weiß man, dass es beim Menschen tatsächlich ein Gen für Trennungsangst gibt. Im Jahr 2018 wurde in einer Studie der Universität

Helsinki ein Gen für Angst bei Hunden und Menschen entdeckt. Es ist eine faszinierende Vorstellung, dass Trennungsangst bei manchen Welpen angeboren sein könnte.

Doch selbst wenn sie nicht in den Genen liegt, können frühe Lebenserfahrungen bei jungen Hunden Trennungsangst auslösen.

All das könnte darauf hindeuten, dass Ihr Welpe dieses Problem schon hatte, bevor Sie ihn zu sich nach Hause geholt haben.

Wenn Ihr Welpe also bellt wie verrückt, sobald Sie das Haus verlassen, sollten Sie nicht davon ausgehen, dass das normal ist. Wenn Sie seine Trennungsangst frühzeitig erkennen, lässt sie sich umso leichter behandeln.

Zusammenfassung

- Sie sind nicht schuld an der Trennungsangst Ihres Hundes.
- Man weiß nicht genau, warum Hunde Trennungsangst entwickeln.
- Aber man weiß, wie sie sich beheben lässt.
- Sie können derjenige sein, der dafür sorgt, dass das Problem Ihres Hundes gelöst wird.

KAPITEL 2

Leben mit einem Hund, der unter Trennungsangst leidet

Sobald Sie herausgefunden haben, dass Ihr Hund unter Trennungsangst leidet, ist Ihr Leben nicht mehr dasselbe wie vorher.

Auf den ersten Blick mag sich das ziemlich lächerlich anhören, doch das Leben mit so einem Hund ist ungeheuer schwer. Ich habe schon von vielen erfahrenen Hundehaltern gehört, dass sie noch nie mit etwas so Schwierigem zu tun hatten wie mit Trennungsangst.

Wenn Sie herausfinden, dass Ihr Hund unter Trennungsangst leidet, gibt es zwei wichtige Erkenntnisse:

1. Es ist sehr schwierig, das Bellen, Anknabbern, Koten oder Urinieren, das selbstschädigende Verhalten (oder was auch immer Ihr Hund tut, wenn Sie nicht zu Hause sind) zu unterbinden. Denn das sind lediglich die *Symptome* seines Problems.

2. Sie können ihm dabei helfen, seine Trennungsangst in den Griff zu bekommen, doch das bedeutet, dass Sie ihn so lange nicht allein lassen dürfen, bis er diese Angst überwunden hat, und dass Sie nicht nur wochen-, sondern monatelang fleißig mit ihm trainieren müssen.

Die Behandlung von Trennungsangst braucht Zeit, und einer der wichtigsten Aspekte bei der Überwindung dieses Problems ist, dass Sie Ihren Hund nicht länger allein lassen dürfen, als er verkraftet. Kurzfristig gesehen ist das die einzige Möglichkeit, sein Problemverhalten zu beenden. Denn wenn Hunde Angst haben, investieren sie mehr Energie in sinnloses Verhalten (Bellen, Winseln, Wimmern), als wenn sie ruhig sind. Und sie hören auch nicht damit auf, denn sie können nicht mehr klar denken.

Wenn Sie Ihren Hund einfach sich selbst überlassen in der Hoffnung, dass er irgendwann mit seinem Problemverhalten aufhört, wird er das also wahrscheinlich nicht tun.

Und in der Zwischenzeit wird er sich immer mehr aufregen – denn so sehr er auch bellt, kratzt oder Möbel anknabbert: Sie kommen trotzdem nicht zurück nach Hause. Wenn Ihr Hund schon das Alleinsein an sich als grauenhaft empfunden hat, glaubt er nach einer gewissen Zeit, dass Sie nie wieder zurückkommen – und das ist noch schlimmer für ihn. Schließlich kommen Sie dann doch wieder heim – egal ob 15 Minuten oder drei Stunden später – und finden womöglich eine zerstörte Wohnung vor. Daraus wird Ihr Hund die Schlussfolgerung ziehen: »Wenn ich immer weiter belle und belle und belle, kommt sie irgendwann doch wieder zurück.«

Sie wissen und ich weiß, dass Sie nicht wegen seines Gebells zurückgekommen sind, aber Ihr Hund versteht nicht, dass Sie gar nicht vorhatten, ihn für immer zu verlassen. Er weiß nur, dass Sie weg waren, dass er in Panik geraten und ausgerastet ist und Sie daraufhin zurückkamen. Hunde lernen durch Assoziation und aus Konsequenzen. Ihr Hund hat gebellt, und Sie sind zurückgekommen. In seinen Augen bewirkt Bellen also, dass Sie wieder nach Hause kommen, und das Winseln oder Anknabbern von Möbelstücken könnte seine Bewältigungsstrategie sein, während er versucht, nach Ihnen zu rufen. Vielleicht empfindet er das Kauen als beruhigend.

Hunde tun immer das, was funktioniert. Wenn Sie also das nächste Mal weg sind, wird Ihr Hund wieder die gleiche Taktik (Bellen) anwenden, die beim letzten Mal zum Erfolg (Ihrer Rückkehr) geführt hat. Er wird sogar noch eher damit anfangen und es noch länger durchhalten, denn das könnte Sie umso eher zurückbringen. Und vielleicht wird er auch früher anfangen, Ihre Einrichtung zu zerkauen, und noch mehr Energie in diese Aktivität hineinstecken, weil sich das Kauen für ihn gut anfühlt.

Panik verändert das Gehirn

Wissenschaftliche Untersuchungen zeigen, dass die Gehirnchemie eines Hundes sich bei Panik zum Nachteil verändert. (Die gleichen Veränderungen treten übrigens auch bei Menschen auf, wenn sie sich längere Zeit in einem Zustand der Panik befinden.) Es ist, als würde jede Panikattacke in dicken schwarzen Permanentmarker-Buchstaben das Wort »Angst« ins Gehirn Ihres Hundes hineinschreiben. Je öfter Ihr Hund in Panik gerät, umso ängstlicher wird er mit der Zeit.

Und je länger seine panische Angst anhält, umso schlimmer kann die Situation werden. Wenn Sie auf die Strategie »Er wird schon von selbst darüber wegkommen« setzen, laufen Sie also Gefahr, die Gehirnchemie Ihres Hundes zu verändern. Es ist leicht, Angst zu entwickeln, aber man wird sie nur schwer wieder los.

Wir müssen das Gleichgewicht zwischen Negativem und Positivem verschieben

Die Erforschung des menschlichen Gehirns hat gezeigt, dass es ungeheuer schwierig sein kann, die Auswirkungen früherer negativer Erfahrungen durch positive Erfahrungen aufzuwiegen. Sie können sich die negativen und positiven Erfahrungen Ihres Hundes wie die zwei Seiten einer Wippe vorstellen. Wenn Sie zum ersten Mal mit einem Hund mit Trennungsangst zu tun haben, ist die Wippe sehr stark mit negativen Erfahrungen belastet. Und nicht nur das: Auch der Drehpunkt der Wippe hat sich zum Negativen hin verschoben, sodass viel mehr positive Erfahrungen nötig sind, um die negativen Erfahrungen aufzuwiegen.

Selbst wenn wir uns noch so große Mühe geben, unseren Hund so weit zu bringen, dass es nicht mehr schlimm für ihn ist, allein zu sein, kann eine einzige negative Erfahrung das Gleichgewicht sehr leicht wieder in die entgegengesetzte Richtung kippen.

Solange wir nicht dafür sorgen, dass unser Hund keine negativen Erfahrungen mehr macht, ist es fast unmöglich, etwas an seinen Gefühlen zu ändern.

Was können Sie stattdessen tun?

Egal ob Ihr Hund in Panik gerät oder frustriert ist, wenn Sie außer Haus sind – lassen Sie ihn sein unerwünschtes Verhalten nicht einfach fortsetzen. Denn damit erreichen Sie genau das Gegenteil von dem, was Sie sich erhoffen.

Falls Ihr gelangweilter Hund glaubt, etwas zu verpassen, wenn Sie ihn zu Hause zurücklassen, geben Sie ihm eine Beschäftigung. Puzzle-Futterautomaten sind die ideale Lösung. Grundsätzlich ist es eine gute Idee, für mehr Abwechslung und körperliche Aktivität im Leben Ihres Hundes zu sorgen. Allerdings kann mehr Bewegung zwar gegen Langeweile, aber nicht gegen Panik helfen.

Wenn Ihr Hund in Panik gerät, sobald Sie das Haus verlassen, müssen Sie die *Ursache* des Problems angehen. Und das bedeutet: Keine beängstigend langen Abwesenheiten mehr.

Vielleicht erscheint Ihnen das unmöglich. Aber wenn Sie verhindern möchten, dass die Angst Ihres Hundes sich verschlimmert, müssen Sie dafür sorgen, dass er stets unterhalb seiner Angstschwelle bleibt. (Mehr über Schwellenwerte erfahren Sie in Kapitel 4.)

Als ich anfing, gegen die Angst meines Hundes anzukämpfen, kam ich mir wie eine totale Versagerin vor. Ich konnte mit der neuen Realität, ihn niemals allein lassen zu dürfen, einfach nicht umgehen. Aber ich wusste, dass jedes Alleinsein seinen Genesungsprozess störte und seine seelischen Nöte verschlimmerte. Es war nicht so, dass ich das nicht gewusst hätte. Ich habe ihn allein gelassen, *obwohl* ich es wusste.

Wenn das Niemals-Alleinlassen auch für Sie ein Problem darstellt, warum setzen Sie sich dann nicht einfach ein Ziel? Können Sie Ihren Hund um 20 Prozent seltener allein lassen als bisher und das eine Woche lang ausprobieren? Und können Sie ihn als Nächstes eine Woche lang um 50 Prozent seltener allein lassen? Solche kleinen Schritte werden es Ihnen erleichtern, irgendwann den Sprung ins kalte Wasser zu wagen und Ihren Hund *gar nicht mehr* allein zu lassen.

Es gibt verschiedene kreative Möglichkeiten, dafür zu sorgen, dass Ihr Hund nicht allein zu Hause zurückbleiben muss. Versuchen Sie es doch einfach mal eine Woche lang. Denken Sie daran: Egal ob Ihr Hund alleine Angst hat oder sich einfach nur langweilt – wenn Sie das Problem nicht im Keim ersticken, laufen Sie Gefahr, dass sich die Situation mit der Zeit sogar noch verschlimmert.

Sobald Sie verhindert haben, dass die Angst Ihres Hundes zunimmt, können Sie mit seinem Trennungsangst-Training beginnen. Und je eher Sie das tun, umso leichter wird es ihm fallen, seine Angst zu überwinden.

> Wenn Ihr Hund in Panik gerät, sobald Sie das Haus verlassen, müssen Sie die Ursache angehen. Das bedeutet: Keine beängstigend langen Abwesenheiten mehr.

Hören Sie nicht auf Leute, die sagen, dass Sie ihn einfach allein lassen sollen, damit er sich »daran gewöhnt«

Im Grunde haben Ihre wohlmeinenden Berater gar nicht so unrecht. Denn es gibt durchaus Situationen, in denen man seinen Hund ruhig bellen, winseln oder auf andere Weise »nerven« lassen kann. Wenn er zum Beispiel bettelt, ist es am besten, ihn zu ignorieren (auch wenn Ihnen das noch so schwerfällt). Wenn Sie sein Winseln um Futter ignorieren, geschehen zwei Dinge:

1. Ihr Hund lernt, dass das nichts bringt.
2. Das Betteln Ihres Hundes wird nicht dadurch verstärkt, dass Sie ihn mit Leckerbissen belohnen.

Doch für den Umgang mit Angst gelten andere Gesetze, denn für Ihren ängstlichen Hund steht viel mehr auf dem Spiel. Hunde, die sich in einem Zustand der Panik befinden, geben nicht so leicht auf.

Wenn Sie versuchen würden, aus einem brennenden Haus zu fliehen, es Ihnen aber nicht sofort gelänge, die Tür aufzubrechen – würden Sie dann etwa aufgeben, sagen: »Das hat ja doch keinen Zweck« und einfach wieder ins Bett gehen? Oder würden Sie es immer wieder versuchen?

Genau wie Sie weiterhin versuchen würden, die Tür Ihres brennenden Hauses aufzubrechen, geben auch Hunde in Panik nicht einfach auf. Im Gegenteil: Ihr Problemverhalten eskaliert, und ihr Stresspegel steigt. Wenn Sie sie einfach weitermachen lassen, wird die Situation also nicht besser, sondern nur noch schlimmer.

Sobald Ihnen das klar geworden ist, werden Sie es wahrscheinlich kaum noch fertigbringen, Ihren Hund allein zu lassen. Für die meisten Besitzer bringt das eine drastische Veränderung ihrer Lebensweise mit sich – zumindest solange der Genesungsprozess ihres Hundes andauert.

Wie geht man am besten mit dieser Veränderung um?

Ein Hund mit Trennungsangst verändert Ihr ganzes Leben. Denn das Leben ist nun mal kein *Lassie*-Film; auch wenn Sie Ihr Möglichstes tun, wird dieses Problem Ihr Leben als Hundehalter in vielerlei Hinsicht beeinträchtigen.

Im Folgenden finden Sie einige Strategien, die ich im Umgang mit Percys Trennungsangst gelernt habe, und ein paar Tricks, die mir geholfen haben, dabei nicht den Verstand zu verlieren:

- Es lohnt sich, alles möglichst weit vorauszuplanen.
- Finden Sie sich damit ab, dass Ihr Leben vielleicht ein bisschen an Spontaneität einbüßen wird (aber nicht für immer).
- Sie können trotzdem in Urlaub fahren – aber dazu müssen Sie erfinderisch sein.
- Lernen Sie, Skeptiker und Pessimisten zu ignorieren.
- Scheuen Sie nicht davor zurück, Ihrem Hund Medikamente gegen seine Angst zu geben.
- Denken Sie nicht nur an Ihre jetzigen Schwierigkeiten, sondern auch daran, wie viel Freude man an einem Hund mit Trennungsangst haben kann.

Es lohnt sich, alles möglichst weit vorauszuplanen

Sobald Sie festgestellt haben, dass Ihr Hund unter Trennungsangst leidet und jedes Mal in Panik gerät, wenn Sie aus dem Haus gehen, wird es Ihnen wahrscheinlich schwerfallen, ihn allein zu lassen. Und wenn Sie wissen, dass hinter seinem Verhalten krankhafte Angst steckt, wird das für Sie sogar noch schwieriger, als wenn Sie sich einfach nur Sorgen darüber machen, dass er die Möbel anknabbern, bellen oder die Wohnung verschmutzen könnte.

Wie Sie inzwischen wissen, ist Trennungsangst eine Phobie vor dem Alleinsein. Und wie bei jeder Phobie gilt auch in diesem Fall die Grundregel, dass die Angst eskaliert, wenn man ihrem Auslöser zu oft oder zu lange ausgesetzt ist. Wenn Sie Ihren Hund zu lange allein lassen, bedeutet das also nicht nur, dass es ihm schlecht geht, sondern auch, dass die Fortschritte, die Sie bei Ihrem Trennungsangst-Training bisher gemacht haben, sich sofort wieder in nichts auflösen.

Anfangs wird Ihnen der Gedanke, ihn niemals allein zu lassen, vielleicht lächerlich vorkommen. Ich weiß noch genau, wie mich dieser in meinen Augen widersinnige Vorschlag damals empört hat: »Wenn ich eine Möglichkeit fände, ihn nie allein zu lassen, dann wäre die Trennungsangst ja schließlich kein Problem für mich!«

Doch trotz ihres anfänglichen erbitterten Widerstands finden die meisten Menschen schließlich doch irgendeine Betreuung für ihren Hund, wenn sie aus dem Haus gehen müssen.

Hundesitter, Schwiegereltern, Dogsharing-Websites, ja sogar die Schulkinder in der Nachbarschaft – für Hundehalter, denen das Wohl ihres Tiers am Herzen liegt, gibt es unzählige Lösungen.

> Wenn Sie Ihren Hund zu lange allein lassen, bedeutet das nicht nur, dass es ihm schlecht geht, sondern auch, dass die Fortschritte, die Sie bei Ihrem Trennungsangst-Training bisher gemacht haben, sich sofort wieder in nichts auflösen.

Ich weiß aus eigener Erfahrung, dass einem das alles viel Kopfzerbrechen bereitet und man sich dabei auch sehr eingeschränkt fühlt – die Situation ist alles andere als einfach. Doch mit der Zeit gewöhnt man sich daran (wie an alles Neue), und dann wird es leichter.

Anfangs empfand ich die Notwendigkeit, alles vorausplanen zu müssen, als große Einschränkung, doch keine Sorge: Irgendwann geht einem das in Fleisch und Blut über. Wenn Sie feststellen, dass Ihr Hund dadurch ruhiger wird und weniger Angst hat – auch ohne Training –, wird Sie das dazu motivieren, ihm auch weiterhin jedes Alleinsein zu ersparen.

Finden Sie sich damit ab, dass Ihr Leben vielleicht ein bisschen an Spontaneität einbüßen wird (aber nicht für immer)

Wenn Sie einen Hund mit Trennungsangst haben, werden Sie sich bald kaum noch an die Freiheit erinnern können, alles stehen und liegen zu lassen und einfach irgendwo hinzufahren. Last-Minute-Ausflüge und Trennungsangst vertragen sich nun einmal nicht.

Sie werden sich daran gewöhnen müssen, kurzfristige Einladungen abzusagen; alles, was weniger als 48 Stunden im Voraus angekündigt wird, ist ein absolutes No-Go. (Eine Frist von einer knappen Woche ist vielleicht gerade noch machbar.)

Aber die Situation ist trotzdem nicht hoffnungslos. Vielleicht können Sie Ihren Hund mitnehmen – Sie werden schon kreative Lösungsmöglichkeiten finden. Hier ein paar Tipps:

- Finden Sie heraus, welche Gaststätten hundefreundliche Biergärten oder Terrassen haben. (Wenn Sie in Europa leben, werden Sie viele Restaurants, Kneipen und Bars finden, in denen Hunde erlaubt sind.)
- Wenn Sie bei einem Freund zum Essen eingeladen sind, fragen Sie ihn, ob Sie Ihren Hund mitbringen dürfen.
- Wenn Sie sich das nächste Mal mit einer Freundin treffen, schlagen Sie einen Spaziergang mit Ihrem Hund vor, statt eine Tasse Kaffee zu trinken.
- Bieten Sie befreundeten Familien an, für sie zu babysitten, wenn sie dafür auf Ihren Hund aufpassen. Diese Freunde kennen die Schwierigkeiten von Last-Minute-Aktivitäten genauso gut wie Sie! Wenn Sie selbst Familie haben, können Ihre Freunde gleichzeitig auf Ihren Hund und Ihr Baby aufpassen.
- Suchen Sie nach Kinos, die hundefreundliche Vorführungstermine anbieten.

Manchen Hunden mit Trennungsangst macht es nichts aus, im Auto allein zu bleiben, denn sie haben die Erfahrung gemacht, dass die Abwesenheit ihres Besitzers im Auto kürzer ist, und fühlen sich dort daher sicherer. Natürlich geht das nur in der kühleren Jahreszeit.

Sie können trotzdem in Urlaub fahren – aber dazu müssen Sie erfinderisch sein

Zu verreisen, wenn Ihr Hund unter Trennungsangst leidet, ist alles andere als einfach. Welche Möglichkeiten haben Sie?

1. Sie können den Hund in eine Hundepension geben,
2. verschiedene Hundesitter engagieren, die zu Ihnen nach Hause kommen, oder
3. jemanden finden, der während Ihres Urlaubs bei Ihnen zu Hause wohnt und auf den Hund aufpasst.

Viele Leute plädieren dafür, Hunde mit Trennungsangst in einer Hundepension unterzubringen – und zwar mit folgendem Argument: Falls der Hund in der neuen Umgebung Angst bekommen sollte, wird er diese Angst nicht mit seinem Zuhause, sondern mit der Hundepension assoziieren, und das ist ja dann nicht so schlimm.

Ich bin allerdings nicht begeistert von dieser Idee. Hunde neigen dazu, Angstgefühle zu verallgemeinern. Wenn Sie Ihren ängstlichen Hund also in eine Hundepension geben, wird er Sie hinterher wahrscheinlich erst recht nicht mehr aus den Augen lassen und in eine Stressspirale geraten, sobald Sie auch nur daran denken, aus dem Haus zu gehen.

Option Nr. 2 und Nr. 3 sind die besten Alternativen, aber machen Sie Ihren Hundesittern klar, dass sie den Hund auf gar keinen Fall allein lassen dürfen!

Lernen Sie, Skeptiker und Pessimisten zu ignorieren

Egal ob Freunde, Familienangehörige, Hundesitter oder Kollegen – garantiert fällt jedem irgendetwas zu dem Trennungsangst-Problem Ihres Hundes ein. Hier ein paar Vorschläge, wie Sie auf solche nervigen Kommentare reagieren können:

»Warum lässt du ihn nicht einfach allein? Dann beruhigt er sich ganz von selber.«
»Ja, ich verstehe schon, warum du das denkst, und unser Trainer meint, dass selbst Hundetrainer das früher geglaubt haben. Aber inzwischen weiß man, dass solche Hunde keine Aufmerksamkeit suchen und auch nicht wütend auf uns sind, weil wir ohne sie weggehen: Sie leiden an Panikattacken.«

»Das kommt alles nur daher, dass Sie ihn dauernd auf Ihrem Sofa liegen und in Ihrem Bett schlafen lassen.«
»Viele Leute behaupten, dass solche Verhaltensweisen Trennungsangst auslösen, aber mit Sicherheit weiß das niemand so genau. Man weiß aber, wie sich dieses Problem beheben lässt, und genau daran arbeite ich jetzt.«

»Bestimmt können Sie ihn dieses eine Mal allein lassen. Es ist doch nur ein Film/Mittagessen/Drink.«
»Ich weiß, auf den ersten Blick mag es albern erscheinen, dass ich ihn nicht allein lassen kann, aber wenn er seine Angstschwelle überschreitet, gerät er in Panik und erleidet einen Rückfall – und dann sind womöglich alle Fortschritte, die wir bisher gemacht haben, wieder dahin. Wenn ich mich jetzt genau an das Trainingsprogramm halte, werde ich schon bald wieder ein ganz normales Leben führen können.«

»Hat er etwa immer noch Trennungsangst?«
»Wahrscheinlich kommt es dir so vor, als würde ich schon seit einer Ewigkeit an diesem Problem arbeiten, aber vielleicht wusstest du bisher nicht, dass bei Hunden mit Trennungsangst die Gehirnchemie gestört ist. Dabei handelt es sich um ein schwerwiegendes emotionales Trauma – so ähnlich wie eine posttraumatische Belastungsstörung beim Menschen.«

Denken Sie daran, dass Ihre Freunde und Angehörigen es gut mit Ihnen meinen. Sie haben einfach nur nicht das erlebt, was *wir* mit unseren Hunden erlebt haben. Deshalb können sie sich nicht so leicht einen Reim darauf machen, was mit Ihrem vierbeinigen Liebling los ist.

Scheuen Sie nicht davor zurück, Ihrem Hund Medikamente gegen seine Angst zu geben

Der Goldstandard in der Behandlung von Trennungsangst ist die systematische Desensibilisierung in Kombination mit Medikamenten gegen Angstzustände. In Kapitel 6 werde ich Ihnen genauer erklären, wie das funktioniert.

Die Desensibilisierung allein ist schon eine sehr erfolgreiche Behandlungsmethode. Allerdings macht ein Hund oft noch schnellere Fortschritte, wenn man seiner Gehirnchemie einen kleinen medikamentösen Anstoß gibt.

Soweit wir wissen, führt die Panik, die Hunde mit Trennungsangst durchmachen, zu chemischen Veränderungen in ihrem Nervensystem. Viele Hunde brauchen daher auch eine medikamentöse Behandlung gegen ihre Angst.

Doch für viele Menschen ist es undenkbar, ihrem Hund Medikamente zu verabreichen.

Wenn Sie auch zu diesen besorgten Hundebesitzern gehören, sollten Sie wissen, dass es mir früher genauso gegangen ist wie Ihnen: Ich stand Medikamenten äußerst skeptisch gegenüber. Mein Tierarzt konnte mich allerhöchstens dazu überreden, es mit alternativen Heilmitteln zu versuchen – von denen übrigens keines auch nur das Geringste bewirkt hat. Die einzigen Auswirkungen machten sich auf meinem Bankkonto bemerkbar. Außerdem verloren wir eine Menge Zeit, während wir darauf warteten, dass das nächste Mittel versagte.

Als ich dann schließlich doch bereit war, meinem Hund Medikamente gegen seine Angstzustände zu geben, erzielte ich damit eine ganz erstaunliche Wirkung. Ich wünschte, ich hätte es schon früher getan.

Medikamente wirken nicht bei jedem Hund – und sie wirken auch nur in Kombination mit Training. Egal was Sie persönlich von angstlösenden Medikamenten halten – sind Sie es Ihrem Hund nicht schuldig, ihm so schnell wie möglich bei der Bewältigung seines Problems zu helfen? Er kann sich zwar nicht dazu äußern, aber wenn er es könnte, würde er Sie bitten, alles Menschenmögliche zu tun, um ihm seine Angst zu nehmen. (Mehr über Medikamente erfahren Sie in Kapitel 6.)

Denken Sie nicht nur an Ihre jetzigen Schwierigkeiten, sondern auch daran, wie viel Freude man an einem Hund mit Trennungsangst haben kann

Ihren Hund zu trainieren, zu beobachten, wie er seine Trennungsangst überwindet, und dabei gleichzeitig auch Ihr eigenes Leben allmählich wieder in den Griff zu bekommen, könnte zu den lohnendsten Erfahrungen gehören, die Sie je machen werden.

Bin ich etwa verrückt geworden?

Wenn Sie erst vor Kurzem festgestellt haben, dass Ihr Hund unter Trennungsangst leidet, und zutiefst verzweifelt darüber sind, wird Ihnen meine Aussage wohl tatsächlich ein bisschen verrückt vorkommen.

Aber bitte halten Sie durch. Ich kann das Licht am Ende des Tunnels Ihrer Verzweiflung erkennen (auch wenn für *Sie* momentan alles stockfinster aussieht).

Trennungsangst ist eine der am besten behandelbaren Problemverhaltensweisen bei Hunden. Und die Liebe eines Hundes mit Trennungsangst ist etwas ganz Besonderes.

Und wenn Ihnen das alles zu viel wird?

Bei vielen Hundebesitzern stellt Trennungsangst die Beziehung zu ihrem Hund auf eine ernsthafte Probe.

Wir wissen zwar, dass der Hund nichts dafür kann, aber wir fühlen uns trotzdem wie Gefangene in unserem eigenen Zuhause, oder die ständigen Beschwerden der Nachbarn zermürben uns. Wir lieben unseren Hund mehr als alles andere auf der Welt, aber irgendwann stoßen wir eben doch an unsere Grenzen, und dann leidet die Beziehung zwischen Hund und Herrchen oder Frauchen unter der Trennungsangst.

Nicht wie im Film *Lassie*

Genau wie wir sind auch unsere Hunde alles andere als perfekt, doch dass wir unsere vierbeinigen Gefährten idealisieren, hat eine lange Tradition. Von Lassie bis Benji, von Marley bis Beethoven – wir alle lieben schöne Hundefilme.

Diese Superstars auf vier Pfoten haben jedoch kaum etwas mit dem Hund am anderen Ende unserer Leine zu tun. Genau wie ihre menschlichen Pendants – die Schauspielerinnen und Schauspieler – sind auch diese Hundestars eigentlich nicht so, wie sie zu sein scheinen. Ihnen steht vielleicht keine Armee von Stylisten und Maskenbildnern zur Verfügung, aber ein guter Filmschnitt, mehrfach wiederholte Drehs, ein Team von Hundetrainern und eine ganze Truppe von Doubles sorgen dafür, dass die Hunde, die wir auf der Leinwand sehen, nahezu perfekt sind.

Kein Wunder, dass wir Fehler und Schwächen erkennen, wenn wir dann einen vergleichenden Blick auf unsere eigenen Hunde werfen.

Der Hund von nebenan

Aber nicht nur fiktive Hunde erscheinen Ihnen fehlerlos. Auch die Hunde anderer Besitzer kommen Ihnen oft so brav vor, dass Sie das Gefühl haben, der einzige Besitzer eines Problemhundes zu sein.

Aber denken Sie daran, dass der erste Eindruck manchmal täuscht! Vielleicht schielen Sie neidisch auf einen Hund, der sich mustergültig verhält, wenn sein Herrchen ihn im Park frei herumlaufen lässt – doch an der Leine benimmt dieser Hund sich unmöglich. Oder Sie sehen einen Hund, der Menschen auf der Straße höflich begrüßt, wissen aber nicht, dass derselbe Hund Gäste im Haus seines Besitzers wie ein Verrückter anspringt und zu Boden wirft.

Natürlich gibt es besonders leicht erziehbare Hunde. Doch dass ein Hund *gar nichts* tut, was seinem Besitzer missfällt, kommt nur sehr selten vor. In der realen Welt ist Hundehaltung nun einmal nicht so, wie sie in Filmen dargestellt wird.

Was wir von unseren Hunden erwarten

Aufgrund der hohen Erwartungen, die wir an unsere Hunde stellen, empfinden wir uns vielleicht als ausgesprochene Unglücksraben, wenn wir feststellen, dass unser Hund unter Trennungsangst leidet. Nur allzu oft fragt man sich dann: *Warum gerade ich?*

Hunde mit Trennungsangst entsprechen nicht der Idealvorstellung von einem Vierbeiner. Oft fallen solche Hunde uns furchtbar auf den Wecker. Wir verstehen nicht, warum sie sich so anstellen. Schließlich gehen wir doch nur einkaufen/essen/ins Fitnessstudio/zur Arbeit. Und wir sind bisher jedes Mal wieder zurückgekommen. Warum also flippen sie so aus?

Und selbst wenn sie sich über unsere Abwesenheit aufregen – warum müssen sie dann ständig bellen, ins Haus pinkeln, unsere Lieblingsschuhe zerkauen oder versuchen, ihre Box in ihre Bestandteile zu zerlegen? Es ist wirklich zum Verrücktwerden!

Wenn Sie solche Gedanken schon einmal hatten, stehen Sie damit nicht allein da. Uns allen geht es so! Das ist völlig normal.

Aber zum Glück hilft das Trennungsangst-Training Ihrem Hund nicht nur über seine lähmenden Angstzustände hinweg, sondern kann Sie auch an die wunderbaren Seiten Ihres Vierbeiners erinnern. In Kapitel 4 werden wir genauer auf dieses Training eingehen, aber an dieser Stelle sei schon mal kurz dargelegt, warum das Trennungsangst-Training Ihrem Hund nicht nur hilft, sich weniger unwohl zu fühlen, wenn er allein ist, sondern zusätzlich auch noch viele andere Vorteile hat:

- Es ist ein Training, das Sie gemeinsam durchführen. Sie nehmen sich mehrmals pro Woche Zeit, um mit Ihrem Hund zu arbeiten. Keine Ablenkungen – nur Sie und er.
- Beim Trennungsangst-Training wird besonderer Wert darauf gelegt, dem Hund Unterhaltung und Anregung zu bieten. Das bedeutet, dass Sie mehr lustige, spielerische Dinge mit ihm unternehmen.
- Wenn Sie Ihren Hund nicht mehr allein lassen, bleibt er unterhalb seiner Angstschwelle, und dann hört auch sein Repertoire an angstbedingten Problemverhaltensweisen auf. Schon allein das bewirkt wahre Wunder für Ihre Beziehung zu Ihrem Hund.
- Hunde, die unter Trennungsangst leiden, sind ansonsten oft sehr gut erzogen, doch wenn man sich ständig Sorgen wegen seines Angstproblems macht, vergisst man das leicht. Das Training verhilft Ihnen dazu, die besten Seiten Ihres Hundes zu sehen – und zwar in Farbe.

Mit diesen Argumenten möchte ich die unangenehmen Seiten des Zusammenlebens mit einem Hund, der unter Trennungsangst leidet, nicht beschönigen. Sie wären kein normaler Mensch, wenn Sie nicht zumindest ab und zu völlig mit Ihrem Latein am Ende wären. Deshalb will ich Ihnen im nächsten Kapitel ein paar Tipps und Tricks verraten, mit deren Hilfe man diesen ganzen Stress ein bisschen besser bewältigen kann.

Zusammenfassung

- Das Problem mit der Trennungsangst geht weit über die Tatsache hinaus, dass Sie einen Hund haben, den Sie nicht allein lassen können.
- Versuchen Sie die Urteile anderer Menschen nach Möglichkeit zu ignorieren. Sie selbst wissen viel mehr über die psychische Verfassung Ihres Hundes als Ihre Freunde oder Angehörigen.
- Sie brauchen wegen dieses Problems nicht Ihr ganzes Leben auf Eis zu legen. Sie müssen nur kreative Wege finden, Ihren Hund nicht allein zu lassen.
- Die Behandlung von Trennungsangst kann ein schwieriger Weg sein, doch die Mühe wird sich lohnen.

KAPITEL 3

Tipps und Tricks für Besitzer von Hunden mit Trennungsangst

Im vorigen Kapitel haben wir uns mit den gravierenden Auswirkungen befasst, die Trennungsangst bei Hunden auf unser Leben haben kann. Nun wollen wir uns überlegen, wie man diese scheinbar unmögliche Situation am besten in den Griff bekommt.

Dabei werden wir uns vor allem mit folgenden Themen beschäftigen:

- Umgang mit Freunden und Familienangehörigen
- Umgang mit Nachbarn
- Bewältigung von Veränderungen in Ihrem Leben
- Urlaubsplanung
- Reisen mit Ihrem Hund
- Besuche beim Tierarzt oder im Hundesalon und
- Hunde und Autos

Umgang mit Freunden und Familienangehörigen

Jeder, der einen Hund mit Trennungsangst hat, wird Ihnen sagen, dass dieses Problem für seine Freunde und Angehörigen ein absolutes Rätsel ist. Diese Leute wissen entweder nicht, was Trennungsangst ist, oder verstehen nicht, warum Sie dieses Problem gerade *so* angehen und nicht anders.

In den meisten Fällen meinen die Menschen, die uns am nächsten stehen, es gut mit uns. Sie wollen uns verstehen und uns helfen, doch es fällt ihnen schwer, sich in unsere Lage hineinzufühlen.

Normalerweise kann man Freunde und Familienangehörige in drei große Kategorien einteilen:

- Sie haben großes Verständnis für Sie, Ihren Hund und sein Problem.
- Sie versuchen verzweifelt, sich in Sie hineinzuversetzen, doch das fällt ihnen schwer – und oft lassen ihr Mitgefühl und ihre Geduld mit der Zeit nach, wenn es nicht so aussieht, als würde der Zustand Ihres Hundes sich verbessern.
- Sie verstehen überhaupt nichts: Sie haben keine Ahnung von dem Training, das Sie mit Ihrem Hund durchführen, und halten Sie für ein bisschen verrückt.

Nicht jeder Mensch tut Ihre Probleme als Lappalie ab oder hat Schwierigkeiten damit, sich in Sie hineinzufühlen. Viele haben Verständnis für Ihren Hund und sein Problem. Und anderen, die sich nicht so gut in Sie hineinfühlen können, fehlt es oft einfach nur an den richtigen Informationen.

Aber was können Sie tun, um sich nicht von den negativen Kommentaren der Skeptiker und Pessimisten zermürben zu lassen? Hier zwei meiner wichtigsten Strategien: Lassen Sie sie einfach an sich abprallen – oder halten Sie dagegen.

An sich abprallen lassen

Das ist mein absoluter Favorit! Irgendwann ist es mir nämlich zu viel geworden, andere davon überzeugen zu wollen, dass ich das Richtige für meinen Hund (oder die Hunde meiner Klienten) tue. Denn diese Erklärungsversuche fühlten sich immer so an, als würde ich Wasser durch ein Sieb gießen.

Sicherlich haben Sie auch schon die Erfahrung gemacht, dass es sehr schwierig ist, die Meinung unserer Mitmenschen zu ändern.

Oft glauben wir, das mit überzeugenden, stichhaltigen Argumenten erreichen zu können. Aber um jemanden von unserem Standpunkt zu überzeugen, müssen wir ihn erst mal dazu bringen, zuzugeben, dass er sich geirrt hat. Und das fällt niemandem leicht! Unser Denken verläuft oft in seltsamen Bahnen, und wissenschaftliche Untersuchungen zeigen, dass Menschen sich nur selten durch Beweise dazu bringen lassen, ihre Meinung zu ändern.

Deshalb habe ich die Hoffnung, aus Diskussionen über Trennungsangst als Siegerin hervorzugehen, inzwischen aufgegeben. Viel besser ist es, die Kommentare meiner Mitmenschen einfach zur Kenntnis zu nehmen und dann das Thema zu wechseln.

Dagegenhalten

Aber vielleicht möchten Sie doch nicht einfach abblocken, wenn Freunde oder Angehörige kontraproduktive Bemerkungen machen, sondern über das Thema diskutieren. Wenn das Ihre bevorzugte Taktik ist, finden Sie hier ein paar hilfreiche Antworten:

KOMMENTAR

»Lass ihn doch einfach. Er wird es schon lernen/darüber hinwegkommen.«

ANTWORT

»Ja, du hast recht. Früher dachte man, dass man Trennungsangst am besten bekämpft, indem man die Hunde einfach bellen lässt. Wenn ein Hund durchdrehte, sobald man ihn allein ließ, ging man davon aus, dass er böse war – oder wütend, weil sein Herrchen oder Frauchen ohne ihn weggegangen war.

Doch inzwischen weiß man, dass Hunde mit Trennungsangst an einer Panikstörung leiden. Sie haben eine Phobie vor dem Alleinsein. Sie machen nicht einfach nur Theater, sondern sind in blinder Panik.

Den Hund dann vor lauter Panik ausrasten zu lassen, macht die Situation nicht besser, sondern nur noch schlimmer. Deshalb überlasse ich meinen Bello nicht einfach sich selbst, sondern kümmere mich um sein Problem.«

KOMMENTAR

»Du hast seine Angst selbst verursacht. Es ist deine Schuld/du verwöhnst ihn zu sehr!«

ANTWORT

»Ich weiß, dass es manchmal so aussieht, als würde das Verhalten des Besitzers die Trennungsangst verursachen oder verschlimmern. Aber Experten sind anderer Meinung. Selbst wenn man zwei Hunde genau gleich behandelt, kann es sein, dass der eine Trennungsangst entwickelt und der andere nicht.

Und dass er in meinem Bett schlafen oder aufs Sofa springen darf, ist auch nicht das Problem. Viele Hunde, die nicht im Bett ihres Besitzers schlafen dürfen, leiden trotzdem unter Trennungsangst.

Experten sind sich jedoch darüber einig, dass die Situation sich sehr leicht verschlimmern kann, wenn man den Hund einfach stundenlang winseln lässt oder ihn bestraft, falls er während der Abwesenheit seines Besitzers irgendetwas angestellt hat.

Zum Glück weiß ich, dass all diese Strategien nichts nützen. Deshalb wende ich diese Trainingsmethode an. Das ist das Einzige, was nachweislich gegen Trennungsangst hilft.«

KOMMENTAR

»Ach, hat er diese Ängste immer noch! Warum bist du mit deinem Training denn noch nicht weitergekommen?«

ANTWORT

»Trennungsangst-Training ist nicht so einfach, wie einem Hund das Sitzen beizubringen. Mein Hund hat ein schweres emotionales Trauma erlitten. Manche Experten glauben sogar, dass seine Gehirnchemie sich dadurch verändert hat.

Auch wir Menschen überwinden eine schwere Erschütterung nicht über Nacht. Zurzeit hält mein Hund Alleinsein für das Schlimmste, was es gibt. Er wird nicht so schnell lernen, dass ihm dabei nichts passiert. Man muss eben einfach so lange Geduld haben, wie es dauert.«

KOMMENTAR
»Solltest du ihn nicht lieber einschläfern lassen?«

ANTWORT
»Es ist unmenschlich, einen Hund einschläfern zu lassen. Man sollte ihm lieber helfen, seine Angst zu überwinden.

Es ist ein sehr schönes Gefühl, zu sehen, wie mein Hund von Tag zu Tag ausgeglichener wird. Und ich werde so lange weitermachen, bis er sein Problem völlig überwunden hat. Schließlich hat er mich nicht darum gebeten, ihn zu mir zu holen, also bin ich es ihm schuldig, ihm eine Chance zu geben. Ich kann so viel Geduld mit ihm haben, wie er braucht.«

Umgang mit Nachbarn

Eine der größten Herausforderungen, denen wir uns stellen müssen, wenn unser Hund unter Trennungsangst leidet, sind die Beschwerden der Nachbarn.

Stellen Sie sich folgendes Szenario vor: Sie fahren vor Ihrem Haus vor und hören Ihren Hund bellen. Es war ein langer Tag, und Sie können jetzt beim besten Willen keinen Stress gebrauchen. Aber es kommt noch schlimmer: Ihr Nachbar hat Ihnen den schon seit Langem befürchteten handgeschriebenen Zettel unter der Tür durchgeschoben.

Sie wussten, dass Ihr Hund eine Zeitlang winselt, wenn Sie das Haus verlassen, aber Sie hatten gehofft, dass er sich danach einfach auf seinem Bettchen zusammenrollen und einschlafen würde. Doch nun, da Sie diesen Zettel lesen, wird Ihnen klar, dass das reines Wunschdenken war. Er hat den ganzen Tag gebellt.

Viele Hundebesitzer erfahren erst von einem Nachbarn, dass ihr Hund ununterbrochen bellt. Manchmal steckt ein Zettel unter der Tür. Manchmal bekommen sie eine E-Mail. Nur selten erfahren sie es in einem persönlichen Gespräch am Gartenzaun.

Wenn Sie eine solche Nachricht erhalten haben oder befürchten, dass es beim nächsten Gebell so weit sein könnte, müssen Sie handeln. Hier ein paar Möglichkeiten, wie Sie einem Streit vorbeugen und mit Ihren Nachbarn auch weiterhin auf gutem Fuß bleiben können:

- Zeigen Sie Einfühlungsvermögen, stimmen Sie Ihrem Nachbarn zu und bleiben Sie ruhig.
- Versuchen Sie herauszufinden, ob Ihr Hund an Trennungsangst leidet oder ein anderes Verhaltensproblem hat.
- Entschuldigen Sie sich und bitten Sie um Verständnis.
- Bestrafen Sie Ihren Hund nicht.

Zeigen Sie Einfühlungsvermögen, stimmen Sie Ihrem Nachbarn zu und bleiben Sie ruhig

Einen Hund zu haben, der den ganzen Tag bellt, ist sehr unangenehm – vor allem, wenn die Nachbarn sich darüber ärgern. Das ist zwar nicht Ihre Schuld und auch nicht die Ihres

Hundes – Sie und ich wissen das –, aber Ihre Nachbarn sehen es nicht so. Sie sind wütend auf Sie und Ihren Hund, weil er den ganzen Tag gebellt hat, während sie vielleicht versucht haben, in ihrem Homeoffice zu arbeiten.

In solchen Situationen kann man mit einer einfachen Entschuldigung, viel Einfühlungsvermögen und ein bisschen Zu-Kreuze-Kriechen eine Menge ausrichten. Erklären Sie Ihren Nachbarn die Situation – zum Beispiel folgendermaßen:

»Ja, ich weiß, das hört sich so an, als wäre mein Hund bösartig oder schlecht erzogen, und ich kann mir vorstellen, wie frustriert Sie sind. Aber er bellt nicht, weil er ungezogen ist, sondern er leidet unter Trennungsangst. Das heißt, er gerät in Panik, wenn man ihn allein lässt. Ich finde das sehr beunruhigend und erkenne das Ausmaß des Problems erst jetzt, wo Sie mich auf sein ständiges Gebell aufmerksam gemacht haben. Ich bin sehr froh darüber, dass Sie mir Bescheid gesagt haben.«

Versuchen Sie herauszufinden, ob Ihr Hund an Trennungsangst leidet oder ein anderes Verhaltensproblem hat

Wenn Ihr Hund während Ihrer Abwesenheit bellt, muss er deshalb nicht unbedingt unter Trennungsangst leiden. Sie sollten zunächst einmal andere mögliche Ursachen ausschließen:

- Langeweile
- Bellen am Fenster (vielleicht verbellt er Passanten, Hunde, Eichhörnchen oder was auch immer)
- Alarmbellen (was ist auf der Straße los? Warenlieferungen? der Postbote? Bauarbeiten?)
- Phobie vor Gewitter/Lärm

Für solche Probleme ist Trennungsangst-Training nicht geeignet, und einige davon lassen sich auch leichter beheben als Trennungsangst.

Entschuldigen Sie sich und bitten Sie um Verständnis

Zeigen Sie Verständnis für Ihre Nachbarn. Erklären Sie ihnen, dass das Gebell Ihres Hundes selbstverständlich inakzeptabel ist und dass auch Sie darin ein Problem sehen. Machen Sie deutlich, dass Sie dieses Problem nicht ignorieren – ganz im Gegenteil. Ihr Hund leidet an einer Panikstörung, aber Sie sind dabei, etwas dagegen zu tun. Sie trainieren mit ihm, damit er sich allein zu Hause in Zukunft wohler fühlt.

Falls man Sie fragt, wie lange das dauern wird, sagen Sie ganz ehrlich: Sie wissen es nicht – aber im Rahmen dieses Trainings werden Sie Ihren Hund seltener allein lassen. Versprechen Sie, Ihren Hund in der Zwischenzeit so ruhig wie möglich zu halten.

Denken Sie daran: Wenn Ihr Hund unter Trennungsangst leidet, ist sein Gebell ein emotionales Verhalten. Es gibt nur einen einzigen Weg, Ihrem Hund das Bellen abzugewöhnen: Gewöhnen Sie ihn an das Alleinsein (oder leisten Sie ihm Gesellschaft).

Bestrafen Sie Ihren Hund nicht

Auch wenn der Griff zum Schockhalsband noch so verlockend erscheint – lassen Sie es bleiben! Diese Halsbänder bringen Ihren Hund von seinem unerwünschten Verhalten ab, indem sie ihn erschrecken. Sie ändern aber nichts an seinen Emotionen. Wenn er daraufhin mit dem Bellen aufhört, liegt das nicht daran, dass ihm wohler zumute ist. Er tut das nur, um den Schmerz des Elektroschocks zu vermeiden. Wenn Sie versuchen, sein Heulen durch Schocks zu beenden, behandeln Sie Angst mit Angst. Und das ergibt eigentlich nicht viel Sinn, oder?

Lassen Sie sich auch nicht von Citronella-Bellhalsbändern irreführen. Diese Halsbänder erreichen ihren Zweck, weil Hunde den Geruch von Zitronen eklig finden. Das Training ist also immer noch aversiv – nur auf eine andere Weise. Wenn Sie Ihren Hund mithilfe von Schmerz oder Angst trainieren, laufen Sie Gefahr, dass er dadurch *noch mehr* Angst vor dem Alleinsein entwickelt.

Lassen Sie sich nicht von der kurzfristigen Lösung verführen, die aversive Trainingsmethoden zu bieten scheinen. Sie sind keine Lösung für dieses Problem.

Vorbeugen ist besser als heilen!

Im Umgang mit Nachbarn gibt es nichts Besseres, als sich mit ihnen anzufreunden, *bevor* das Problem entsteht. Erinnern Sie sich zum Beispiel an die Party, die Sie früher einmal gegeben haben: Sie haben die Nachbarn eingeladen und ihnen vielleicht sogar ein Geschenk gemacht. Danach hatten Sie bei ihnen einen Stein im Brett. Wenn Sie befürchten, dass das Bellen Ihres Hundes zum Problem werden könnte, überlegen Sie sich eine ähnliche Taktik. Sie könnten Ihren Nachbarn zum Beispiel Blumen, Pralinen oder Wein mitbringen oder ihnen einen Geschenkgutschein kaufen. Sie könnten anbieten, ihnen bei der Hausarbeit zu helfen oder eine Besorgung für sie zu erledigen. Tun Sie alles, was Ihre Nachbarn milde stimmen könnte!

Es braucht ein ganzes Dorf, um Trennungsangst zu bekämpfen. Sie erreichen also nichts, wenn Sie sich Ihre Nachbarn zu Feinden machen. Wer weiß? Vielleicht werden Ihre Nachbarn ja sogar zu einem Teil Ihres Dorfs.

Bewältigung von Veränderungen in Ihrem Leben

Hunde und Veränderungen vertragen sich nicht immer gut. Viele Hunde nehmen Veränderungen gelassen hin, doch ängstliche Hunde können dadurch aus der Fassung geraten.

Ein geregelter Tagesablauf kann ängstlichen Hunden helfen, sich an Stressfaktoren zu gewöhnen – vor allem, wenn der Stress nicht allzu groß ist. Doch sobald Sie etwas an dieser Routine verändern – und sei es auch nur eine Kleinigkeit –, sieht die Sache plötzlich ganz anders aus.

Ängstliche Hunde denken ständig darüber nach, ob eine bestimmte Situation gefährlich oder ungefährlich ist. Bei der Beantwortung dieser Frage spielt der Kontext für Ihren Hund eine besonders wichtige Rolle.

Hunde haben bekanntlich kein besonderes Talent dafür, Vertrauen und Zuversicht zu verallgemeinern; Angstgefühle dagegen scheinen sie nur allzu bereitwillig zu verallgemeinern. Daher lernt Ihr Hund vielleicht, in einem bestimmten Kontext allein zurechtzukommen, doch sobald sich an der Situation etwas verändert, kann seine Angst wieder auftreten.

Das gilt vor allem für Hunde mit Trennungsangst. Manchen wissenschaftlichen Untersuchungen zufolge kann eine Veränderung des Tagesablaufs oder der häuslichen Situation die Angst eines Hundes vor dem Alleinsein sogar noch verschlimmern.

Aber auch auf Hunde, die *nicht* zu Ängsten neigen, wirken solche Veränderungen verwirrend. Das beste Beispiel dafür ist, wenn Ihr Hund, der sich zu Hause immer auf Befehl hinsetzt, dieses Kommando im Park ignoriert. In Ihren Augen ist das genau die gleiche Situation: Sitz ist Sitz, oder etwa nicht? Für Ihren Hund besteht da aber ein großer Unterschied.

Die renommierte Trainerin Karen Pryor hat bei der Dressur von Meeressäugetieren den Begriff *Neues-Becken-Syndrom* geprägt: In seinem bisherigen Becken tat das Tier, was es sollte, doch als es in ein anderes Becken gebracht wurde, klappte plötzlich überhaupt nichts mehr.

Vielleicht haben Sie so etwas auch schon einmal erlebt. Wenn Sie Angst davor haben, vor Publikum zu sprechen, hilft es Ihnen vielleicht, immer wieder die gleiche Präsentation zu halten. Aber wenn Sie neues Material präsentieren müssen – oder mit neuen Zuhörern oder einem neuen Veranstaltungsort konfrontiert sind –, tritt Ihre Angst womöglich wieder auf.

Dass Ihr zu Ängsten neigender Hund durch Veränderungen im Haushalt, neue Schulzeiten, einen neuen Job oder einen Umzug noch ängstlicher wird, bedeutet natürlich nicht, dass Sie auf sämtliche Veränderungen verzichten sollten. (Ich kenne allerdings Hundebesitzer, die bei so großen Lebensentscheidungen erst einmal darüber nachdenken, wie ihr Hund wohl darauf reagieren wird!)

Sie können Ihren Hund vielleicht nicht auf alle Veränderungen vorbereiten, aber das Wissen, dass ihn solche Umstellungen der gewohnten Abläufe durcheinanderbringen können, kann Ihnen weiterhelfen. Zumindest sind Sie dann auf einen möglichen Ausraster vorbereitet. Und wer weiß – vielleicht überrascht Ihr vierbeiniger Freund Sie ja sogar und nimmt die Veränderung gelassen hin! Das habe ich schon mehr als einmal erlebt.

> Hunde haben bekanntlich kein besonderes Talent dafür, Vertrauen und Zuversicht zu verallgemeinern; Angstgefühle dagegen scheinen sie nur allzu bereitwillig zu verallgemeinern.

Urlaubsplanung

Wenn Sie einen Hund mit Trennungsangst haben, kann ein Urlaub schwierig sein. Manche Hundebesitzer schieben solche Reisen sogar auf, weil sie keinen anderen Ausweg sehen.

Mit ein bisschen Kreativität und Über-den-Tellerrand-Hinausdenken können Sie aber sicherlich eine befriedigende Lösung finden.

Hier meine besten Tipps, damit Ihr Hund besser mit Ihrer Abwesenheit klarkommt, wenn er unter Trennungsangst leidet:

- Finden Sie einen Hundesitter.
- Fragen Sie einen Freund oder Angehörigen, ob er den Hund während Ihres Urlaubs bei sich aufnimmt.
- Bringen Sie Ihren Hund in einer Pension unter.
- Nehmen Sie ihn mit in den Urlaub.

Finden Sie einen Hundesitter

Es gibt keinen schöneren Ort als das eigene Zuhause – das gilt nicht nur für Menschen, sondern auch für Hunde. Wenn Sie Ihren Hund für längere Zeit woanders unterbringen, sollte dieses Umfeld seinem gewohnten Alltagsleben so ähnlich wie möglich sein. Zu Hause wird es ihm am leichtesten fallen, sich an Ihre Abwesenheit zu gewöhnen, denn dann bleibt nicht nur seine Umgebung, sondern auch sein Tagesablauf ziemlich gleich.

Und auch für Sie ist die Logistik einfacher, denn Sie brauchen Ihren Hund (mitsamt Futter, Spielzeug und Bettchen) nicht woandershin zu bringen.

Die Suche nach einem Hundesitter, dem Sie (und Ihr Hund) vertrauen können, ist allerdings nicht ganz unproblematisch. Genau wie bei Babysittern für Kinder kann es schwierig sein, jemanden zu finden, der gerade Zeit hat, vertrauenswürdig und bezahlbar ist. Noch schwieriger ist es, einen Sitter zu finden, der Verständnis für die besonderen Bedürfnisse eines ängstlichen Hundes hat.

Hundesitter bieten unterschiedliche Dienstleistungen – von kostenlos bis kostenpflichtig – an. Normalerweise verfügen sie über Referenzen und ein polizeiliches Führungszeugnis.

Bei kostenlosen Hundesittern handelt es sich normalerweise um Urlauber, die im Gegenzug für die Betreuung Ihres Haustiers eine Unterkunft suchen.

Hundelieb.com oder betreut.de sind ausgezeichnete Webseiten für Hundebesitzer, die auf der Suche nach einem kostenlosen Hundesitter sind. Schauen Sie sich auch kostenpflichtige Dienstleister wie beispielsweise Rover.com an, die Preise, Nutzerbewertungen und Sitterprofile anbieten.

Wenn Sie sich für diese Lösung entscheiden, sollten Sie dem Hundesitter die Zusage abnehmen, dass er Ihren Hund nicht länger allein lassen wird, als er verkraften kann. Ich rate meinen Klienten immer: »Schauen Sie Ihrem Hundesitter in die Augen und lassen Sie ihn versprechen, dass er Ihren Hund nicht allein lässt.« Tun Sie das bereits beim Vorstellungsgespräch und warten Sie ab, was der jeweilige Bewerber dazu sagt.

Fragen Sie einen Freund oder Angehörigen, ob er den Hund während Ihres Urlaubs bei sich aufnimmt

Eine weitere Möglichkeit besteht darin, Ihren Hund während des Urlaubs von Freunden oder Angehörigen betreuen zu lassen. Denn diese Leute kennen ihn bereits und wissen, dass er unter Trennungsangst leidet.

Außerdem ist das in der Regel eine kostenlose (oder zumindest sehr preiswerte) Alternative zum Hundesitter. Normalerweise reicht es aus, wenn Sie Freunden oder Angehörigen, zu denen Sie eine enge Beziehung haben, irgendein Tauschgeschäft anbieten: zum Beispiel als Gegenleistung ihr Haus zu hüten oder für sie zu babysitten.

Doch leider versteht nicht jeder die Bedeutung dessen, wozu er sich verpflichtet hat: Ihren Hund niemals allein zu lassen, während Sie weg sind. Lässt der Zeitplan Ihrer Freunde oder Angehörigen ein solches Engagement überhaupt zu?

Außerdem birgt dieses Szenario noch eine weitere Gefahr: Wohlmeinende Freunde oder Angehörige könnten versuchen, das Trennungsangst-Training Ihres Hundes selbst in die Hand zu nehmen. Obwohl sie nur helfen wollen, könnten sie die harte Arbeit, die Sie bereits geleistet haben, auf diese Weise zunichtemachen.

Deshalb ist es wichtig, ein ehrliches Gespräch mit dem Hundesitter zu führen. Ihm muss wirklich hundertprozentig klar sein, worauf er sich da einlässt. Schließlich geht es um das Wohl Ihres Hundes.

Bringen Sie Ihren Hund in einer Pension unter

Wie bereits erwähnt, bin ich kein Fan von Hundepensionen – nicht etwa, weil sie schlecht wären oder weil es nicht auch ein paar gute gäbe. Doch viele Hunde (sogar solche, die nicht unter Trennungsangst leiden) empfinden Hundepensionen als stressig.

Für gesellige Hunde kann der Aufenthalt in so einer Pension aber im Zweifel auch eine lustige, unterhaltsame Erfahrung sein. Zumindest gehen Sie auf diese Weise sicher, dass Ihr Hund nicht allein zu Hause bleibt (was durchaus passieren kann, wenn Sie einen Sitter engagieren). Vielleicht haben Sie Glück und finden dort Bedingungen vor wie im gewohnten Umfeld Ihres Hundes. So können Sie sicherstellen, dass Ihre Trainingsbemühungen während Ihrer Abwesenheit nicht zunichtegemacht werden.

Allerdings gibt es dabei ein anderes großes Risiko: Manche Hunde mit Trennungsangst empfinden den Aufenthalt in einer Hundepension als so stressig, dass ein Trainingsrückschritt während Ihrer Abwesenheit unvermeidlich ist.

Manchmal ist eine Hundepension jedoch die einzig mögliche Lösung. In diesem Fall sollten Sie eine Pension wählen, die auch eine Tagesbetreuung anbietet, damit Ihr Hund tagsüber ständig Gesellschaft hat. Erklären Sie den Mitarbeitern die Trennungsangst Ihres Hundes, damit sie sich auf seine Bedürfnisse einstellen können.

Nehmen Sie ihn mit in den Urlaub

Wenn Sie einen Strandurlaub am Mittelmeer oder eine Bergwanderung im Himalaya vorhaben, ist das natürlich nicht die ideale Lösung. Für einen Urlaub in der Nähe Ihres Wohnorts, der keine Anreise mit dem Flugzeug erfordert, könnte es jedoch eine gute Alternative darstellen. In vielen Hotels und Ferienhäusern sind Haustiere erlaubt. Auf den kommenden Seiten finden Sie nähere Informationen über das Reisen mit Ihrem Hund.

Ihn mitzunehmen, ist eine hervorragende Möglichkeit, während Ihres Urlaubs für sein Wohlergehen zu sorgen. Aber überlegen Sie sich vorher, ob Sie Ihre Reise überhaupt genießen können, wenn ein Hund dabei ist, den man nicht allein lassen kann!

Hoffentlich haben diese Anregungen dazu beigetragen, dass Ihr nächster Urlaub trotz der Trennungsangst Ihres Hundes ein bisschen leichter machbar wird. Denken Sie daran: Eine kleine Auszeit kann Ihnen sehr guttun! Sie werden erholt aus dem Urlaub zurückkommen und das Trennungsangst-Training Ihres Hundes mit neuer Energie fortsetzen können.

Reisen mit Ihrem Hund

Ihren Hund in den Urlaub mitzunehmen, scheint auf den ersten Blick eine geniale Idee zu sein. Aber werden Sie Ihre Reise mit einem Hund, den man keine Minute lang allein lassen kann, überhaupt genießen können? Was sollen Sie zum Beispiel tun, wenn Sie eine Besichtigungstour machen oder essen gehen möchten?

Sie werden Ihren Hund nicht allein in einem fremden Hotel oder einer Ferienwohnung zurücklassen können. Denn wie bereits erwähnt, übertragen Hunde, die ihre Trennungsangst überwunden haben, ihr neu gewonnenes Selbstvertrauen leider nicht auf alle Situationen. Sie kommen nur jeweils in einem bestimmten Umfeld allein zurecht, doch in einer veränderten Situation kann ihre Angst erneut auftreten.

Selbst wenn Sie mit Ihrem Hund das ganze Trennungsangst-Training durchgearbeitet haben und er jetzt keine Angst mehr davor hat, allein zu Hause zu bleiben, wird er in einer neuen Umgebung – beispielsweise einem Hotel – mit Sicherheit wieder Probleme bekommen.

Wenn Sie möchten, dass Ihr Hund sich alleine in einem Hotelzimmer oder im Haus eines Angehörigen entspannen kann, muss er zunächst einmal lernen, sich in dieser neuen Umgebung zurechtzufinden. Sie müssen sein Trennungsangst-Training also auch im Urlaub durchführen, damit er lernt, in dem neuen Umfeld allein zu bleiben.

In der Zwischenzeit gibt es zum Glück jedoch ein paar Möglichkeiten, ängstlichen Hunden die Angst vor einer neuen Umgebung zu nehmen:

- **Machen Sie es zur Routine.** Ihr Hund liebt gewohnte Situationen. Wenn Sie ihn immer wieder bei denselben Freunden oder Angehörigen unterbringen, wird er sich wohler fühlen.
- **Bieten Sie Ihrem Hund eine vertraute Umgebung.** Immer wieder im selben Hotel Urlaub zu machen, ist vielleicht nicht machbar. Nehmen Sie stattdessen das Bettchen, die Kiste oder die Decken Ihres Hundes mit. Hunde fühlen sich an unbekannten Orten wohler, wenn sie ihre gewohnten Utensilien dabeihaben.
- **Gewöhnen Sie ihn nicht in einer fremden Umgebung an die Hundebox.** Ein Hotelaufenthalt ist nicht der

ideale Zeitpunkt, um herauszufinden, ob Ihr Hund sich bereitwillig in eine Box sperren lässt. Probieren Sie das deshalb lieber schon vorher aus. Viele ängstliche Hunde fürchten sich vor der Box, also wird es Sie vielleicht einige Mühe kosten, Ihren Vierbeiner daran zu gewöhnen.

- **Engagieren Sie bereits im Voraus einen Hundesitter.** Suchen Sie schon vorab nach einem Hundesitter, der in Ihr Ferienhaus oder Ihre Ferienwohnung kommt. Schließlich würden Sie sich ja auch im Voraus um einen Babysitter kümmern, wenn Sie mit Ihren Kindern verreisen, oder? Sie werden staunen, wie viele Urlaubsunterkünfte Listen von Hundesittern anbieten. Allerdings sind diese Sitter oft sehr beschäftigt, also buchen Sie lieber rechtzeitig einen.
- **Versuchen Sie es einmal mit dem Auto.** Wenn Sie Glück haben, macht es Ihrem Hund vielleicht nichts aus, allein im Auto zu bleiben. Auch das sollten Sie aber lieber bereits ausprobieren, *bevor* Sie mit ihm in den Urlaub fahren. Und natürlich sollten Sie ihn in der heißen Jahreszeit niemals im Auto zurücklassen.
- Wenn Sie mit Ihrem Hund in den Urlaub fahren, regen Sie sich bitte nicht darüber auf, wenn er in der fremden Umgebung unruhig wird! Das ist völlig normal. Die meisten Hunde mit Trennungsangst verkraften solche Veränderungen nicht gut. Aber denken Sie daran: Sie haben Ihren Hund dann wenigstens nicht allein gelassen, sondern ihn lediglich in ein neues Umfeld verpflanzt.

Sie müssen damit rechnen, dass es ihm in dieser neuen Umgebung nicht unbedingt gut geht. Falls es doch besser laufen sollte als erwartet, betrachten Sie das einfach als freudige Überraschung.

Besuche beim Tierarzt oder im Hundesalon

Obwohl mein Hund seine Trennungsangst inzwischen längst überwunden hat, bin ich in Situationen, die einen Rückfall verursachen könnten, immer noch besonders vorsichtig. Tierarztbesuche – vor allem solche, bei denen eine Behandlung stattfindet – können jedem Tier Furcht einflößen, erst recht einem Hund mit Trennungsangst.

Wenn Sie so einen Hund haben, werden Sie feststellen, dass einfache Dinge (wie beispielsweise ein Tierarztbesuch) sehr kompliziert werden können, aber zum Glück gibt es Möglichkeiten, etwas gegen seinen Stress zu tun. Doch zunächst wollen wir darüber nachdenken, warum solche Situationen für Ihren Hund so schwierig sind.

Warum fürchten Hunde mit Trennungsangst sich vor dem Tierarzt?

Zwei Dinge fürchten Hunde mit Trennungsangst am allermeisten: das Alleinsein und das Eingesperrtsein. Tierarztbesuche sind für sie eine grauenerregende Kombination aus beidem. Denn beim Tierarzt müssen Hunde hin und wieder allein bleiben, während Tests durchgeführt werden, sie auf eine Behandlung warten oder sich davon erholen. Außerdem ist es üblich, sie nach der Gabe von Beruhigungs- oder Narkosemitteln so lange in eine Box zu sperren, bis sie wieder aufwachen.

Oft verschlimmert sich die Trennungsangst, wenn der Hund eine Erfahrung gemacht hat, die seine Angstschwelle überschreitet. Ich habe schon oft erlebt, dass Hunde mit einer deutlichen Verschlimmerung ihres Angstproblems von einem Tierarztbesuch zurückkehrten.

Was können Sie tun, um Tierarztbesuche für Ihren Hund weniger stressig zu gestalten?

Tierarztbesuche lassen sich nicht vermeiden. Was können Sie also tun, damit solche Situationen Ihren Hund weniger stressen? Hier ein paar Vorschläge und Anregungen:

- Sprechen Sie mit dem Tierarzt über das Problem Ihres Hundes.
- Unterteilen Sie die Behandlung (und seine Erholung davon) in kleine Einzelschritte.
- Fragen Sie nach, ob Ihr Hund vor seinem Besuch beim Tierarzt Medikamente gegen Angstzustände bekommen kann.
- Klären Sie vorher ab, ob er während des Tierarztbesuchs zu irgendeinem Zeitpunkt allein sein wird.
- Fragen Sie nach, ob darauf verzichtet werden kann, Ihren Hund in eine Box zu sperren.
- Fragen Sie den Tierarzt, wie schnell Sie Ihren Hund nach der Behandlung wieder mit nach Hause nehmen können.

Sprechen Sie mit dem Tierarzt über das Problem Ihres Hundes

Es ist wichtig, dass Sie Ihren Tierarzt über die Trennungsangst Ihres Hundes informieren. Denn er kann Ihnen nicht nur hervorragende Ratschläge zur Behandlung von Trennungsangst geben, sondern sich außerdem gemeinsam mit seinen Mitarbeitern bemühen, Phasen der Isolation und des Eingesperrtseins in einer Box auf ein Mindestmaß zu reduzieren.

Unterteilen Sie die Behandlung (und die Erholung davon) in kleine Einzelschritte

Einer der Hauptgründe, warum Ihr Hund während des Tierarztbesuchs ab und zu von Ihnen getrennt wird, besteht darin, dass Bluttests, Röntgenaufnahmen, Entnahme von Gewebeproben usw. effizienter durchgeführt werden können, wenn das tierärztliche Personal dabei seinem eigenen Zeitplan folgen kann. Das kann dazu führen, dass Ihr Hund öfters allein irgendwo warten muss.

Wenn eine elektive bzw. nicht dringende Behandlungsmaßnahme ansteht, fragen Sie beim Tierarzt oder in der Tierklinik nach, ob man diese in mehrere kleinere Behandlungen aufteilen kann. Eine andere Möglichkeit besteht darin, sich zu erkundigen, ob die Klinik die Behandlungen eventuell auf ein kürzeres Zeitfenster legen und sie alle zusammen durchführen könnte, während Sie im Empfangsbereich warten, damit Sie Ihren Hund so schnell wie möglich wieder mit nach Hause nehmen können.

Fragen Sie nach, ob Ihr Hund vor seinem Besuch beim Tierarzt Medikamente gegen Angstzustände bekommen kann

Wenn Sie Ihrem Hund ein kurz wirksames Medikament gegen Angstzustände geben, kann das zum Abbau seiner Panik beitragen und den Tierarztbesuch reibungsloser gestalten. Die

Beruhigungsmittel, die der Arzt Ihnen für zu Hause mitgibt, werden normalerweise oral verabreicht. Die Dosis kann im Vorfeld des Operationstermins festgelegt werden. (Solche Medikamente werden oft auch Menschen verschrieben, die Angst vor dem Fliegen oder vor Zahnarztbesuchen haben.)

Für den Eingriff selbst bitten Sie den Tierarzt, Ihren Hund vor der Anästhesie zu sedieren. Fragen Sie, ob Sie währenddessen bei ihm bleiben können. Sobald er ruhiger geworden ist, können Sie ihn getrost den fähigen Händen des Tierarztes und der Veterinärtechniker überlassen.

Klären Sie vorher ab, ob er während des Tierarztbesuchs zu irgendeinem Zeitpunkt allein sein wird

Ihr Hund gerät am ehesten in Panik, wenn er allein gelassen wird, ohne ein Beruhigungsmittel erhalten zu haben oder unter Vollnarkose zu stehen. Also klären Sie ab, ob er zu irgendeinem Zeitpunkt seines Tierarztbesuchs allein bleiben wird, und fragen Sie, ob sich während dieser Zeit jemand in seiner Nähe aufhalten kann. Selbst ein Tierarzt, der einfach nur in der Nähe sitzt und sich Notizen macht, wäre schon sehr hilfreich.

Fragen Sie nach, ob darauf verzichtet werden kann, Ihren Hund in eine Box zu sperren

Wenn ein Hund aus der Narkose erwacht oder die Wirkung des Beruhigungsmittels nachlässt, ist er oft noch ziemlich benommen, daher wird er aus Sicherheitsgründen oft in einer Box untergebracht. Je nach Art des Eingriffs ist der Tierarzt aber vielleicht auch bereit, darauf zu verzichten; es lohnt sich also auf jeden Fall, danach zu fragen.

Fragen Sie den Tierarzt, wie schnell Sie Ihren Hund nach der Behandlung wieder mit nach Hause nehmen können

Manche Tierärzte räumen der Entlassung eines ängstlichen Patienten Vorrang ein: Sie lassen ihn gleich wieder nach Hause zurückkehren, sobald das gefahrlos möglich ist, und warten damit nicht bis zum Ende des Praxistags.

Und wenn es sich um einen Notfall handelt?

Bei einem Notfall lassen sich die meisten der oben beschriebenen Strategien natürlich nicht umsetzen, denn die Notsituation muss auf jeden Fall Vorrang vor der Angst Ihres Hundes haben. Aber Sie können trotzdem nachfragen, wie seine Genesung ablaufen und wie lange sie dauern wird, um dem Hund den Übergang in sein normales Alltagsleben zu erleichtern.

Körperliche und geistige Gesundheit: kein »Entweder/oder«

Immer mehr Tierärzte wissen, wie ein angstbesetzter Tierarztbesuch sich auf die Psyche des betroffenen Vierbeiners auswirkt. Diese Ärzte tun, was sie können, um den Arztbesuch für Ihren Hund so erträglich wie möglich zu gestalten.

Denken Sie daran: Die körperliche Gesundheit Ihres Hundes spielt für sein psychisches Wohlbefinden eine wichtige Rolle. Natürlich darf man seine Ängste nicht auf die leichte Schulter nehmen, aber lassen Sie sich dadurch nicht davon abhalten, dringend notwendige Tierarzttermine wahrzunehmen!

Im Hundesalon

Ähnlich wie beim Tierarzt besteht das Problem für Hunde mit Trennungsangst auch im Hundesalon darin, dass sie dazu möglicherweise in einer Box untergebracht werden müssen. Es kann auch vorkommen, dass der Mitarbeiter den Raum verlässt und der Hund dann vorübergehend allein zurückbleibt.

Also erklären Sie ihm, dass Ihr Hund auf gar keinen Fall allein sein darf. Bitten Sie ihn, den Hund nicht in eine Box zu sperren und dafür zu sorgen, dass immer jemand bei ihm im Zimmer ist.

Hunde und Autos

Viele Hunde, die total ausrasten, wenn sie allein zu Hause bleiben sollen, haben anscheinend kein Problem damit, ohne menschliche Gesellschaft im Auto zurückgelassen zu werden. So war es zum Beispiel bei meinem Hund Percy: Der flippte schon aus, wenn wir auch nur die geringsten Anstalten machten, das Haus zu verlassen, aber wenn wir ihn ins Auto setzten, war er überglücklich.

Wir konnten ihn im Auto zwar auch nicht lange allein lassen, und natürlich ging das auch nur dann, wenn das Wetter es zuließ – weder zu heiß noch zu kalt. Aber zumindest bot uns das eine weitere Möglichkeit, unsere Abwesenheiten für ihn erträglicher zu gestalten.

Warum manche Hunde allein im Auto problemlos zurechtkommen, weiß man noch nicht genau, und vielleicht sind die Gründe dafür ja auch bei jedem Hund anders. Folgendes könnte dahinterstecken:

- Normalerweise handelt es sich dabei nur um kurze Abwesenheiten.
- Der Hund kann Sie kommen und gehen sehen.
- Nichts von alldem!

Kurze Abwesenheiten

Wenn Sie Ihren Hund daran gewöhnen, allein im Auto zurückzubleiben, sollten diese Zeitfenster sehr kurz sein (zum Beispiel so lange, wie Sie brauchen, um schnell in ein Geschäft oder zur Bank zu gehen).

An dieses Muster kurzer Abwesenheiten sollten Sie sich vor allem dann halten, wenn Ihr Hund noch jung ist. Wir zum Beispiel haben so eine Heidenangst davor, dass unsere Hunde ins Auto pinkeln, dass wir immer alles, was wir vorhaben, blitzschnell erledigen!

Wahrscheinlich ist Ihnen inzwischen schon klar geworden, worauf das alles hinausläuft: viele kurze Abwesenheiten, die der Hund nicht als Bedrohung empfindet – also genau das, was wir Besitzern von Hunden mit Trennungsangst empfehlen. Ohne es zu wissen, haben wir unseren Hund Percy damals daran gewöhnt, allein im Auto zu bleiben, und das ist genau die gleiche Methode, die wir auch beim Trennungsangst-Training einsetzen.

Er kann Sie kommen und gehen sehen

Auch das könnte für manche Hunde wichtig sein. Vielleicht fühlen sie sich wohler, wenn sie ihren Besitzer sehen, oder sie haben seinen Anblick mit »gefahrloser« Abwesenheit assoziiert. Interessanterweise erschwert der Anblick des Besitzers durch ein Fenster manchen Hunden das Trennungsangst-Training (während andere besser klarkommen, wenn sie ihr Herrchen oder Frauchen sehen können).

Nichts von alldem!

Manchmal lautet die beste Antwort bei Hunden: Das weiß man nicht. Da wir unsere Hunde nicht danach fragen können, verstehen wir die Beweggründe für ihr Handeln oft nicht. Doch so frustrierend das auch sein mag – wir müssen es akzeptieren.

Wenn Ihr Hund allein im Auto keine Probleme hat, werden Sie also vielleicht niemals erfahren, warum das so ist.

Aber auf das Warum kommt es auch nicht unbedingt an. Wichtig ist nur eines: Damit zeigt Ihr Hund Ihnen, dass er allein zurechtkommen *kann*. Und das bedeutet, dass Sie ihm auch beibringen können, im Haus allein zu bleiben.

Zusammenfassung

- Die Trennungsangstprobleme Ihres Hundes treten nicht nur dann auf, wenn Sie das Haus verlassen, sondern auch in anderen Situationen.
- Bei einem Hund mit Trennungsangst werden Sie also so gut wie *alles* anders gestalten müssen: Urlaubsreisen, Tierarztbesuche usw.
- Doch auch wenn das eine Menge Arbeit zu sein scheint, lohnt es sich doch, Ihren Hund in all diesen Situationen vor dem Alleinsein zu schützen.

KAPITEL 4

Und nun beginnt das Training!

Wie trainiert man Hunden ihre Trennungsangst ab? Denken Sie daran, dass Trennungsangst eine Panikstörung ist. Es ist eine Phobie – genau wie viele Menschen sie haben. Vielleicht leiden Sie unter Höhenangst oder mögen keine Spinnen. Bei einem Hund mit Trennungsangst besteht die Phobie in der Angst vor dem Alleinsein. Diese Trennungsangst trainieren wir ihm ab; das heißt, wir bringen den Hund dazu, seine Angst zu überwinden, und zwar mit derselben Methode, die auch bei der Behandlung menschlicher Phobien zum Einsatz kommt: einer schrittweisen Konfrontation mit dem Trigger, der die Panik auslöst.

Was Trennungsangst nicht ist

Warum waren viele Methoden, die Sie bisher vielleicht schon ausprobiert haben, erfolglos? Vermutlich deshalb, weil es dabei immer nur darum ging, das Problemverhalten zu stoppen – zum Beispiel mit einem Schockhalsband gegen das Bellen oder einer unzerstörbaren Box gegen das Anknabbern von Möbelstücken und die Verschmutzung der Wohnung.

Solche Maßnahmen funktionieren nicht (abgesehen davon, dass sie den Hund noch mehr verängstigen), weil man damit lediglich die *Symptome* der Panikstörung zu beheben versucht. Sie bewirken aber nichts gegen die Panik selbst, sondern verschlimmern diese womöglich sogar noch. Wie bereits erwähnt, entspringen die Verhaltensweisen, die ein Hund bei Panik zeigt, aus Emotionen, und die einzige Möglichkeit, etwas gegen Panikverhalten zu tun, besteht darin, die diesem Verhalten zugrunde liegende Angst zu bekämpfen.

Allmähliche Konfrontation mit dem Angstauslöser

Kehren wir nun zu den Behandlungsstrategien zurück, die *wirklich* funktionieren. Wenn wir eine Angst schrittweise überwinden, bedienen wir uns dabei einer Methode, die man beim Hundetraining als Desensibilisierung bezeichnet.

Immer wenn wir einen Hund an etwas gewöhnen möchten, wovor er Angst hat – sei es vor fremden Menschen, Geräuschen oder dem Krallenschneiden –, konfrontieren wir ihn mit einer winzig kleinen Dosis dieses Angstauslösers (und zwar in einem niedrigen, nicht beängstigenden Ausmaß) und steigern die Intensität dann ganz allmählich in einem Tempo, mit dem der Hund gut zurechtkommt.

Nehmen wir zum Beispiel das Krallenschneiden: Wenn ein Hund davor Angst hat, beginnt man das Training vielleicht damit, dem Hund die Krallenschere einfach nur zu zeigen. Wenn dem Hund das nichts auszumachen scheint und er keine Angst zeigt, können wir die Schere als Nächstes an seine Kralle heranführen. Dann können wir die Kralle des Hundes damit berühren usw.

Beim Trennungsangst-Training lassen wir Ihren Hund jeweils nur so lange allein, wie er es verkraftet. Sobald der Hund lernt, dass es für ihn ungefährlich ist, so lange allein zu sein, steigern wir die Zeitdauer des Alleinseins allmählich immer weiter – so lange, wie der Hund sich dabei wohlfühlt.

Am wichtigsten ist es, dass die einzelnen Schritte Ihren Hund in ihrer Intensität niemals überfordern dürfen. Er muss bei jedem Schritt spüren, dass es ihm gut geht und er keine Angst zu haben braucht.

Bei diesem Training darf man nichts überstürzen: Man geht immer in dem Tempo vor, das der jeweilige Hund gut verkraftet. Dabei orientieren wir uns an den Signalen, mit denen er uns sagt, womit er sich wohlfühlt und um wie viel größer die Herausforderung eventuell noch sein dürfte. Wir lassen den Hund nie über seine Angstschwelle (den Punkt, an dem er das Alleinsein nicht mehr bewältigen kann, in Panik gerät und ausrastet) hinausgehen.

Denn wenn der Hund seine Angstschwelle überschreitet, fühlt er sich nicht mehr sicher. Und unser Ziel besteht ja nicht darin, ihn auf Biegen und Brechen umzuprogrammieren, sondern dafür zu sorgen, dass er sich wohlfühlt.

Das ist die Quintessenz unseres Trennungsangst-Trainings.

Management und Medikamente

Neben dem Training gibt es noch zwei weitere Elemente, die für die Behandlung von Trennungsangst sehr wichtig sind: Management und Medikamente.

Management spielt bei jedem Verhaltenstraining mit Hunden eine wichtige Rolle. Wenn Sie einem Hund mit Angstproblemen wirklich helfen wollen, müssen Sie ihm das Gefühl vermitteln: »Unter meiner Aufsicht wirst du nicht mehr mit der Situation konfrontiert, die dir so furchtbare Angst einjagt.«

Beim Trennungsangst-Training bedeutet Management, dass Sie Ihren Hund niemals mehr so lange allein lassen, bis er Angst bekommt. Es geht in diesem Fall also um Abwesenheitsmanagement.

Ein weiterer wichtiger Schritt zur Überwindung von Trennungsangst sind angstlösende Medikamente. Solche Arzneimittel leisten bei den meisten Hunden einen wichtigen Beitrag zum Genesungsprozess. Deshalb sollten Sie sofort mit Ihrem Tierarzt sprechen, wenn Sie den Verdacht haben, dass Ihr Hund unter Trennungsangst leidet.

Mehr zum Thema Abwesenheitsmanagement und Medikamente erfahren Sie in Kapitel 6. Und nun wollen wir uns Schritt für Schritt mit dem Training beschäftigen.

Schritt 1: Beurteilen Sie, an welchem Punkt Ihr Hund zurzeit steht

Wenn wir ein Hundetraining in Angriff nehmen, konzentrieren wir uns dabei häufig darauf, was wir mit unserem Hund erreichen möchten. Egal ob wir ihm beibringen wollen, sich hinzusetzen, im Park keine Eichhörnchen mehr zu jagen oder vier Stunden lang allein zu bleiben – wir haben ein Ziel vor Augen. Vielleicht sind wir uns darüber im Klaren, was wir von dem Training erwarten, doch nur allzu oft übersehen wir dabei die Frage: Wo steht unser Hund zurzeit?

Um uns darüber klar werden zu können, welchen Weg wir einschlagen sollen, müssen wir aber zunächst einmal unseren Ausgangspunkt kennen. Also müssen wir beim Trennungsangst-Training zuallererst herausfinden, welches Ausmaß an Alleinsein Ihr Hund zurzeit problemlos bewältigen kann.

Ein weiterer häufiger Fehler besteht darin, diesen Ausgangspunkt einfach nur ungefähr einzuschätzen.

Vielleicht sagen Sie: »Ja, in den ersten fünf Minuten kommt er normalerweise gut mit dem Alleinsein zurecht, *glaube ich*« oder »*Ich denke*, eine halbe Stunde kann er ganz gut verkraften.«

Das Desensibilisierungstraining ist aber ein sehr präziser Prozess. Es erfordert genaue Informationen über die Fähigkeit Ihres Hundes, allein zurechtzukommen.

Es genügt also nicht zu sagen, dass Sie *glauben*, er könnte fünf Minuten oder eine halbe Stunde gut alleine klarkommen. Wir müssen es ganz genau wissen.

Diese genauen Daten verschafft man sich im Rahmen einer Basisbeurteilung.

Wenn wir mit unseren Klienten arbeiten, führen wir daher zunächst eine erste Videositzung durch. Ich schaue mir den Hund an, um mir einen Eindruck von seiner Angst zu verschaffen, und beantworte dann die Frage »Wo steht dieser Hund zurzeit?«

Dazu müssen Sie allerdings schon ein bisschen Detektivarbeit leisten. Lassen Sie Ihren Hund allein und nehmen Sie sein Verhalten dann per Video auf!

Basisbeurteilung per Videoaufnahme

Videoaufnahmen spielen bei der Behandlung von Trennungsangst eine sehr wichtige Rolle: Mit ihrer Hilfe können wir den Zustand des Hundes so genau beurteilen und überwachen, wie es früher nie möglich gewesen wäre. Wir müssen wissen, wie er sich verhält, wenn er während des Trennungsangst-Trainings allein zu Hause ist. Wie sollen wir das ohne Videoaufnahmen herausfinden?

Früher hat Herrchen oder Frauchen sich vielleicht hinter einem Vorhang versteckt und ihn von dort aus beobachtet. Doch per Videokamera können wir in Echtzeit genau sehen, wie sich Ihr Hund verhält. Damit entfällt das Rätselraten.

Installation einer Videokamera

Es gibt viele Möglichkeiten, das Verhalten Ihres Hundes per Kamera zu beurteilen und zu überwachen, wenn Sie unterwegs sind. Das funktioniert so ähnlich wie die Technologie eines Babyphons oder einer Hausüberwachung.

Sie können zum Beispiel Video-zu-Video-Anrufe einrichten. Zu diesem Zweck würden Sie beispielsweise zwei Skype-Konten erstellen oder Ihr Facebook-Konto und das

Facebook-Konto Ihres Partners verwenden und zwischen diesen beiden Konten über Smartphones, einen Laptop oder ein Tablet ein Video versenden. Eine der Gerätekameras wird auf Ihren Hund gerichtet, und auf dem Bildschirm oder Display des anderen Geräts beobachten Sie ihn.

Zweitens kann man alte Smartphones und Tablets in Kameras verwandeln. Hierbei können Apps wie Alfred oder Presence sehr hilfreich sein.

Und drittens können Sie sich natürlich auch eine spezielle Technologie anschaffen, etwa eine Webcam oder eine Überwachungskamera (beispielsweise Nest). Das ist allerdings teurer, sodass Sie vielleicht lieber zuerst eine der beiden oben genannten Optionen ausprobieren sollten.

Der große Vorteil der dritten Alternative besteht darin, dass Sie dann ein Gerät haben, das immer einsatzbereit ist. Der Preis dieser Spezialkameras ist mittlerweile sehr stark gesunken, sodass diese Anschaffung auf jeden Fall eine Überlegung wert ist (mein Favorit unter den Spezialkameras ist die WyzeCam).

Wie führt man eine Basisbeurteilung durch?

Sobald Sie eine Kamera installiert haben, können Sie die Basisbeurteilung durchführen. Dabei geht man folgendermaßen vor:

1. Gehen Sie vor die Tür.
2. Schauen Sie sich Ihren Hund auf dem Bildschirm oder Display Ihres Geräts an.
3. Beobachten Sie den Hund, um zu sehen, wie lange es dauert, bis er unruhig wird; danach brechen Sie diesen Test

sofort ab. Sie müssen nur feststellen, wie viel Zeit vergeht, bis er Angst bekommt. Sie brauchen Ihren Hund nicht so lange allein zu lassen, bis er anfängt zu bellen, zu winseln oder Einrichtungsgegenstände kaputtzumachen.

Viele Menschen befürchten, dass sie eine böse Überraschung erleben werden, wenn sie nach dieser Basisbeurteilung in ihre Wohnung zurückkehren – zum Beispiel, dass der Hund inzwischen den Teppich verschmutzt oder die Tür angeknabbert hat.

Aber diese Angst ist unbegründet. Denn Sie gehen ja nur so lange nach draußen, bis Ihr Hund unruhig wird, und kommen dann sofort wieder herein! Sie lassen Ihren Hund nicht so lange allein, bis er anfängt, Schaden anzurichten oder die Wohnung zu verschmutzen.

Sie brechen diesen Test sofort ab, wenn Ihr Hund zum ersten Mal bellt, winselt, an der Tür kratzt (oder sonst irgendetwas tut, was darauf hindeutet, dass er allmählich in Stress gerät).

Notieren Sie sich, wie lange es gedauert hat, bis er unruhig wurde

Die Zeitdauer, die Sie sich aufschreiben, ist Ihre Basisbeurteilung.

Normalerweise ist die Zeitspanne, auf die Sie dabei kommen, sehr viel kürzer, als Sie erwartet hatten. Vielleicht waren es nur ein paar Sekunden, vielleicht auch Minuten, aber wahrscheinlich hat Ihr Hund schneller Angst bekommen, als Sie gedacht hätten.

Und was ist, wenn Sie es nicht einmal bis vor die Tür schaffen?

Wenn Sie nicht einmal die Wohnung verlassen können, ohne dass Ihr Hund ausflippt, müssen Sie für die Basisbeurteilung eine andere Vorgehensweise wählen.

Denn dann hat Ihr Hund inzwischen vielleicht schon herausgefunden, wann Sie das Haus verlassen werden, noch bevor Sie überhaupt bis in die Nähe der Tür kommen.

Wenn Sie zum Beispiel nach dem Schlüsselbund oder nach einer Tasche greifen und sich die Schuhe anziehen, erkennt er vielleicht schon an diesen Signalen, dass Sie weggehen werden. Sogar bei Aktivitäten wie Duschen oder Zähneputzen könnte er Verdacht schöpfen. Jede Handlung, mit der Sie sich normalerweise aufs Fortgehen vorbereiten, kann für Ihren Hund ein Hinweis darauf sein, dass Sie gleich das Haus verlassen werden.

Woher weiß ein Hund, was diese Signale bedeuten?

Hunde haben ein besonderes Talent für die Herstellung von Zusammenhängen. Sie scannen ihr Umfeld ständig ab, um Anhaltspunkte dafür zu finden, was als Nächstes passieren könnte. Sie suchen nach Assoziationen, zählen eins und eins zusammen und versuchen Prognosen zu treffen.

Ein hervorragendes Beispiel für einen wichtigen Anhaltspunkt im Leben Ihres Hundes ist seine Leine. An und für sich hat dieses Stück Leder mit dem Clip am Ende für einen Hund überhaupt keine Bedeutung. Hunde kommen nicht mit der Vorstellung auf die Welt, dass Leinen etwas Tolles sind.

Doch mit der Zeit fangen sie an, ihre Leine mit dem Hinausgehen zu assoziieren, und ein Spaziergang oder eine Runde um den Häuserblock macht ihnen Spaß. Wenn Sie also nach der Leine greifen, weiß der Hund, dass gleich etwas Schönes passieren wird.

Sie können ein Experiment durchführen, um Ihrem Hund zu zeigen, wie bedeutungslos die Leine sein kann – und zwar, indem Sie mehrmals hintereinander danach greifen. Jedes Mal, wenn Sie die Leine in die Hand nehmen, werden Sie feststellen, dass Ihr Hund das ein bisschen weniger aufregend findet.

Wenn Sie das zwölf- oder vielleicht auch zwanzigmal hintereinander machen, werden die meisten Hunde sich sagen: »Okay. Früher habe ich immer gedacht, die Leine bedeutet, dass wir rausgehen. Aber jetzt nimmt Frauchen die Leine in die Hand, und wir gehen trotzdem nicht raus. Also bin ich mir nicht mehr so sicher, ob das auch wirklich stimmt.«

Sie haben gerade angefangen, etwas an der im Gehirn Ihres Hundes verankerten Assoziation »Leine = Spaß« zu verändern. (Aber bitte beachten Sie, dass manche Hunde bei diesem Experiment völlig aus dem Häuschen geraten. Falls das bei Ihrem Hund auch so sein sollte, verzichten Sie lieber darauf!)

Mit den Signalen, die Sie aussenden, kurz bevor Sie das Haus verlassen, verhält es sich genauso wie mit der Leine: Das Signal selbst hat für den Hund keinerlei Bedeutung. Es kommt nur auf die Assoziation an, und mit diesen typischen Aufbruchssignalen assoziiert Ihr Hund, dass jetzt gleich etwas Schreckliches passieren wird.

Schon das kleinste Aufbruchssignal kann Ängste wecken

Das große Problem bei solchen Signalen ist natürlich, dass Hunde mit Trennungsangst bereits Angst bekommen, *bevor* Sie die Wohnung verlassen. Wenn Ihr Hund schon ausflippt, sobald Sie nach dem Schlüsselbund greifen, können Sie mit ihm kein schrittweises Expositionstraining durchführen, denn das würde ihn viel zu sehr aufregen.

Deshalb müssen wir unsere Aufbruchssignale manchmal von unserem Expositionstraining trennen. Anders können wir unseren Hund nicht unterhalb seiner Angstschwelle halten.

Wenn das auch bei Ihrem Hund so ist, finden Sie hier ein paar Tipps für den Umgang mit Aufbruchssignalen:

- Machen Sie eine Bestandsaufnahme Ihrer typischen Aufbruchssignale.
- Setzen Sie Prioritäten.
- Bauen Sie die Aufbruchssignale in Ihre Expositionsübungen ein.
- Verändern Sie die Assoziation Ihres Hundes.

Machen Sie eine Bestandsaufnahme Ihrer typischen Aufbruchssignale

Zunächst ist genaue Selbstbeobachtung angesagt: Machen Sie eine Bestandsaufnahme von allem, was Sie normalerweise tun, kurz bevor Sie das Haus verlassen. Als Nächstes markieren Sie auf dieser Liste alles, was Ihren Hund aufregt oder ängstigt und worauf er achtet – also alles, was er als Anhaltspunkt dafür auffasst, dass Sie das Haus verlassen.

Ein Blanko-Arbeitsblatt für diese Bestandsaufnahme finden Sie unter www.penguin.de/naismith-trennungsangst. Listen Sie Ihre Hinweise in Spalte eins des Arbeitsblatts auf.

Setzen Sie Prioritäten

Gehen Sie Ihre Liste durch und fragen Sie sich: »Welche dieser Aufbruchssignale lassen sich beim besten Willen nicht vermeiden (das heißt, ich könnte selbst beim Expositionstraining meines Hundes nicht darauf verzichten)?«

Ein Beispiel dazu: Wenn Sie in Kanada leben, gerade Januar ist, ein Meter Schnee vor der Haustür liegt und Ihre Stiefel neben der Wohnungstür stehen, dann ist es unvermeidbar, dass Sie sich vor dem Verlassen der Wohnung die Stiefel anziehen.

Etwas anderes bleibt Ihnen gar nicht übrig, wenn Sie nicht den Mut haben, in Socken vor die Tür zu gehen. Listen Sie alles, was Sie unbedingt brauchen, um das Haus zu verlassen, in Spalte zwei auf.

Als Nächstes fragen Sie sich: »Was brauche ich vor dem Fortgehen *nicht* unbedingt zu tun?« Vielleicht müssen Sie sich keinen Hut aufsetzen und auch keine Tasche mitnehmen – zumindest nicht, wenn Sie nur eine Expositionsübung mit Ihrem Hund durchführen.

Im wirklichen Leben werden Sie das alles natürlich schon tun müssen. Auf die Frage, warum wir vorläufig – in der Trainingssituation – lieber auf diese Aufbruchssignale verzichten sollten, werde ich in Kürze zurückkommen. Doch zunächst einmal sollten Sie die Signale für Ihren Aufbruch in vermeidbare und unvermeidbare Signale unterteilen.

Bauen Sie die Aufbruchssignale in Ihre Expositionsübungen ein

Und nun beginnen Sie die unvermeidbaren Aufbruchssignale in Ihre Expositionsübungen einzubauen, bei denen Sie die Wohnung nur kurz verlassen. Die vermeidbaren Signale sollten Sie vorerst weglassen, und zwar aus einem ganz einfachen Grund.

Warum empfindet Ihr Hund beispielsweise das Einschalten der Alarmanlage als beängstigend? Weil ihm diese Handbewegung verrät, dass ein beängstigendes Ereignis bevorsteht: Sie werden gleich das Haus verlassen.

Wenn es uns gelingt, Ihrem Hund klarzumachen, dass an Ihrem Fortgehen nichts Beängstigendes ist, besteht durchaus eine Chance, dass er sich auch nicht mehr vor dem Einschalten der Alarmanlage fürchtet. Und warum? Weil diese Handbewegung jetzt etwas voraussagt, das ihn nicht mehr beunruhigt.

Wenn Sie es schaffen, Ihren Hund so weit zu bringen, dass er das Alleinsein zu Hause gut verkraftet, werden Sie vielleicht auch das Glück haben, dass diese alten Signale ihn nicht mehr (oder zumindest *nicht mehr so sehr*) aus der Fassung bringen.

Verändern Sie die Assoziationen Ihres Hundes

Wenn es unvermeidbare Aufbruchssignale gibt, die Ihren Hund in Panik versetzen, müssen Sie an diesen Signalen arbeiten, indem Sie die Assoziationen Ihres Hundes verändern.

Erinnern Sie sich noch an die Übung, bei der wir Ihrem Hund beigebracht haben, dass die Leine kein Signal für einen Spaziergang mehr darstellt? Wir haben die Assoziation zwischen »Leine« und »Spaß« geändert, sodass die Leine für Ihren Hund jetzt keine Bedeutung mehr hat.

Dasselbe werden wir nun auch mit den unvermeidbaren Aufbruchssignalen tun, die Ihrem Hund Angst einjagen. Ein Schlüsselbund macht einem Hund eigentlich keine Angst. Was ihn ängstigt, ist lediglich die Tatsache, dass der

Schlüsselbund Ihr Fortgehen voraussagt. Wir wollen also nun erreichen, dass die Schlüssel (und alle anderen Signale dafür, dass Sie gleich das Haus verlassen werden) für den Hund ihre Bedeutung verlieren. Wir müssen Ihren Hund gegen diese Signale genauso desensibilisieren wie gegen Ihre Abwesenheit.

Also gehen Sie Ihre Liste durch und schauen Sie sich die Spalte mit den unvermeidbaren Aufbruchssignalen an. Nehmen Sie die betreffenden Gegenstände im Lauf des Tages immer wieder zur Hand. Ziehen Sie Ihre Schuhe oder Ihre Jacke an.

Sie werden feststellen, dass Ihr Hund mit der Zeit immer weniger auf diese Signale reagiert. Es ist fast so, als würde er sich sagen: »Oh, wenn Frauchen ihre Stiefel anzieht, geht sie trotzdem nicht aus dem Haus; also sind Stiefel nicht unbedingt immer gleichbedeutend mit Weggehen.«

Sie müssen diese Übung so lange wiederholen, bis Sie den Punkt erreicht haben, an dem der Hund, wenn Sie sich die Stiefel anziehen, mit »Ach, das hat gar nichts zu bedeuten« reagiert.

Ein kleiner Warnhinweis ist bei dieser Übung allerdings doch angebracht: Bei manchen Hunden kann bereits ein Aufbruchssignal dazu führen, dass sie ihre Angstschwelle überschreiten. Viele Ratschläge, die Sie im Internet über den Umgang mit Aufbruchssignalen finden, sind falsch. Wenn Ihr Hund schon in Panik gerät, sobald Sie nach dem Schlüsselbund greifen, wird der wiederholte Griff nach den Schlüsseln bei ihm keine Desensibilisierung bewirken. Ganz im Gegenteil: Ihr Hund wird dadurch sensibilisiert (das heißt, er wird noch ängstlicher). Auf dieses Problem werden Hundebesitzer leider viel zu selten hingewiesen, sodass sie ihren Hund womöglich an Aufbruchssignale zu gewöhnen versuchen, obwohl sie ihn damit in Wirklichkeit in Angst und Schrecken versetzen.

Statt nach der Devise »Alles oder nichts« zu handeln, müssen Sie in so einem Fall die Intensität des Aufbruchssignals, das Ihren Hund in Panik versetzt, verringern. (Wie bereits erwähnt, spielt Präzision beim Trennungsangst-Training eine sehr wichtige Rolle!)

Ich habe einmal mit einer Klientin namens Ane gearbeitet, deren Hündin Daisy das Wegfahren ihres Autos nicht ertragen konnte. (Denken Sie daran: Aufbruchssignale sind nicht nur das, was im Haus geschieht. Dabei kann es sich auch um Signale handeln, die Sie aussenden, nachdem Sie das Haus verlassen haben.)

Statt Daisy einfach dagegen zu desensibilisieren, dass Ane wegfährt, mussten wir die Sache ganz langsam angehen.

1. Behalten Sie die Autoschlüssel den ganzen Tag über in Ihrer Tasche (vermeidbares Aufbruchssignal).
2. Gehen Sie auf das Auto zu (die Einfahrt war mit Kies bestreut, sodass Daisy am Knirschen des Kieses hörte, wann ihr Frauchen zum Auto ging).
3. Entriegeln Sie das Auto.
4. Öffnen Sie die Autotür und schließen Sie sie schnell (ganz vorsichtig).
5. Öffnen Sie die Autotür und schließen Sie sie schnell (jetzt mit etwas normalerem Schwung).
6. Öffnen Sie die Autotür, lassen Sie sie fünf Sekunden lang offen und schließen Sie sie dann wieder.
7. Öffnen Sie die Autotür, steigen Sie ein, schließen Sie die Tür und bleiben Sie zehn Sekunden lang im Auto sitzen.

8. Öffnen Sie die Autotür, steigen Sie ein, aber schließen Sie die Tür nicht. Lassen Sie den Motor an, lassen Sie ihn fünf Sekunden lang laufen und schalten Sie ihn dann wieder aus.
9. Öffnen Sie die Autotür, steigen Sie ein und schließen Sie die Tür. Lassen Sie den Motor an, lassen Sie ihn fünf Sekunden lang laufen und schalten Sie ihn dann wieder aus.
10. Öffnen Sie die Autotür, steigen Sie ein und schließen Sie die Tür. Lassen Sie den Motor an, fahren Sie 9 Meter weit weg und kehren Sie dann wieder zurück. (Das war eine harte Probe für Daisy, aber irgendwann mussten wir es ja mal versuchen!)
11. Öffnen Sie die Autotür, steigen Sie ein und schließen Sie die Tür. Lassen Sie den Motor an, fahren Sie 15 Meter weit weg und kehren Sie dann wieder zurück.

Mit dem Rest dieses Plans möchte ich Sie nicht langweilen. Der Hund konnte das Auto sogar noch in einer Entfernung von gut 300 Metern hören, und wir arbeiteten allmählich mit immer längeren Entfernungen.

Wann Aufbruchssignale tatsächlich helfen können

Normalerweise geht man davon aus, dass Aufbruchssignale etwas Negatives sind. Und wie oben beschrieben, können sie sich tatsächlich negativ auswirken, weil sie bei Ihrem Hund den Eindruck erwecken, dass man ihn länger allein lassen wird, als er verkraftet.

Deshalb sollten Sie aber nicht denken, dass solche Signale grundsätzlich etwas Schlechtes sind.

Wenn Menschen mit dem Trennungsangst-Training ihres Hundes beginnen, sagen sie oft: »Ich mache mir Sorgen darüber, dass die Kamera zu einem Aufbruchssignal werden könnte.«

Das ist vernünftig, denn schließlich installieren Sie bei jeder Trainingssitzung eine Kamera, und das fällt Ihrem Hund zwangsläufig auf. Das ist doch ein Problem, oder?

Nein, nicht unbedingt.

Wenn Sie die Kamera nur während des Trennungsangst-Trainings verwenden, bei dem alle Ihre Abwesenheiten unterhalb der Angstschwelle Ihres Hundes liegen, und wenn Sie früher – als Sie Ihren Hund vielleicht länger allein ließen, als er verkraften konnte – dabei nie eine Kamera benutzt haben, dann signalisiert die Installation der Kamera dem Hund sogar: »Keine Sorge. Es ist alles okay.«

Denn die Kamera wurde bisher immer nur in Situationen eingesetzt, in denen für den Hund alles in Ordnung war. Natürlich könnte sie ihm auffallen, und vielleicht fasst er sie auch als Signal dafür auf, dass Sie gleich hinausgehen werden. Aber das macht sie noch nicht unbedingt zum Problem.

Es gibt sogar Belege dafür, dass ein Signal – egal ob es etwas Gutes oder Schlechtes ankündigt – dem Hund bei der Stressbewältigung helfen kann. Eine Studie, die im Jahr 2014 an der Universität Barcelona durchgeführt wurde, hat ergeben, dass Hunde besser mit der belastenden Abwesenheit ihres Besitzers zurechtkamen, wenn sie dieses Ereignis voraussehen konnten. Diese Erkenntnis entspricht dem allgemeinen Forschungsstand zum Thema Stresstheorie.

Wenn Sie wissen, dass Sie Ihren Hund länger allein lassen müssen, als er verkraftet, dann versuchen Sie nicht, ihn vorher auszutricksen, damit er glaubt, dass Sie nur für kurze Zeit weggehen. Und wenn nur eine kurze Abwesenheit geplant ist, verwenden Sie dafür ein ganz neues Signal, mit dem Sie in Zukunft immer vor Ihren »harmlosen« kurzen Trainingsabwesenheiten arbeiten werden.

In der unten stehenden Tabelle finden Sie eine Zusammenfassung dessen, was ich meinen Hundebesitzern empfehle – je nachdem, ob es sich um einen echten Aufbruch oder um bloße Trainingsabwesenheiten handelt:

Art der Abwesenheit	Aufbruchssignale
Eine unvermeidbare Abwesenheit, die die Angstschwelle Ihres Hundes überschreitet (Bitte beachten: Von so etwas rate ich grundsätzlich ab, also handelt es sich dabei um eine Notfallsituation.)	Tun Sie nichts Besonderes. Nehmen Sie Schlüssel, Taschen und Geldbörse mit, ziehen Sie Schuhe und Mantel an usw. (genau wie Sie es früher auch getan haben).
Eine Trainingsabwesenheit, die Ihr Hund als ungefährlich empfindet	Verwenden Sie ein ganz neues Signal, um Ihrem Hund zu zeigen: »Ich gehe weg, aber nur für kurze Zeit, also ist das kein Problem für dich.« Anfangs wird dieses neue Signal für Ihren Hund keinerlei Bedeutung haben, doch bald wird er es mit einer »ungefährlichen« kurzen Trainingsabwesenheit in Zusammenhang bringen. Zu den Aufbruchssignalen, die ich in solchen Situationen empfehle, gehören: 1. Ein physisches Signal (zum Beispiel, ein großes Buch in die Hand zu nehmen, bevor Sie weggehen) 2. Ein verbales Signal (zum Beispiel: »Ich tu nur so!«) 3. Ein Handzeichen (zum Beispiel: beide Daumen hoch)

Ignorieren Sie die Pauschalurteile, die besagen, dass Aufbruchssignale etwas Schlechtes sind. Sie stellen nämlich nur dann ein Problem dar, wenn der Hund diese Signale damit assoziiert, dass etwas Schlimmes passieren wird. Und wie es beim Trennungsangst-Training so oft der Fall ist, hängt auch hier vieles vom Kontext ab.

Probieren Sie es einfach aus!

Das Wichtigste ist, je nach Bedarf an den Aufbruchssignalen zu arbeiten. Mithilfe des Arbeitsblatts, das Sie vorhin ausgefüllt haben, können Sie all diese Signale zusammenstellen und sortieren.

Wenn Sie mit Ihrem Hund zum ersten Mal eine Expositionsübung machen, bei der Sie aus der Tür gehen, lassen Sie dabei möglichst viele Aufbruchssignale weg. Desensibilisieren Sie Ihren Hund nur gegen die unvermeidbaren Signale. Sobald der Hund so weit ist, dass er eine Zeitlang allein bleiben kann (ungefähr 30 Minuten sind optimal), bauen Sie die vermeidbaren Aufbruchssignale, auf die Sie vorher verzichtet hatten, wieder in Ihr Verhalten ein.

Was Sie über Schwellenwerte wissen sollten

Eine Angstschwelle ist die imaginäre Grenzlinie Ihrer Fähigkeit, zu einem bestimmten Zeitpunkt Stress, Ängste und neue Situationen zu tolerieren. Schwellenwerte sind das Herzstück des Trennungsangst-Trainings. Wenn wir unseren Hund von seiner Angst befreien wollen, müssen wir seine Schwellenwerte genau kennen.

Das folgende Diagramm zeigt drei verschiedene Verhaltensstufen Ihres Hundes im Hinblick auf seine Angstschwelle:

DIE ANGSTSCHWELLE IHRES HUNDES

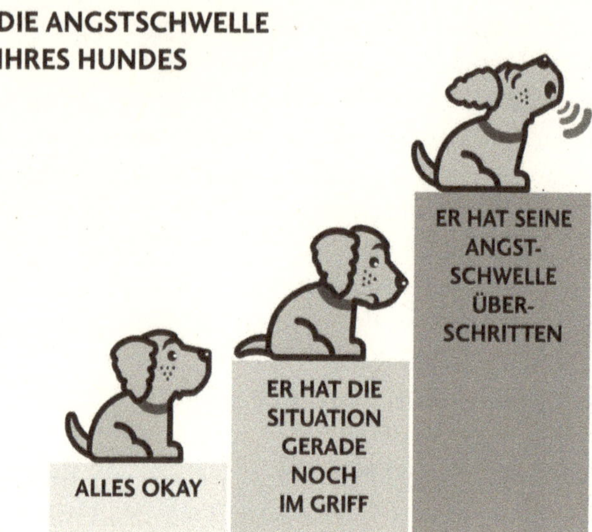

Der Hund auf der untersten Stufe ist glücklich und entspannt; es gibt nichts, was er als bedrohlich oder beängstigend empfinden würde. Ein Hund, der kein Problem damit hat, allein zu Hause zu bleiben, befindet sich immer auf der »Alles okay«-Stufe des Diagramms. Wir bezeichnen diesen Zustand als »sich keiner Gefahr bewusst sein«. Dieser Hund hat keine Angst und fühlt sich nicht bedroht, wenn man ihn zu Hause allein lässt.

Sobald Ihr Hund merkt, dass etwas nicht stimmt, wird er sich »einer Gefahr bewusst«. (Das ist die Stufe »Er hat die Situation gerade noch im Griff« in dem Diagramm.) Wenn Sie an der Trennungsangst Ihres Hundes arbeiten, müssen Sie eingreifen, sobald er in diese zweite Zone überwechselt. Denn er darf auf gar keinen Fall in die dritte Zone hineingeraten, in der er sich nicht einfach nur einer Gefahr *bewusst ist*, sondern mit Flucht, Kampf oder Schockstarre darauf reagiert.

Und nun wollen wir uns ein Beispiel für Schwellenwerte in einem anderen Zusammenhang anschauen. Stellen Sie sich ein Zebra vor, das glücklich und zufrieden in der Savanne vor sich hin grast und nichts davon mitbekommt, was in seiner Umgebung passiert. Es ist sich also »keiner Gefahr bewusst«.

Dann sieht das Zebra einen Löwen am Horizont und wird unruhig. Das Tier ist sich jetzt eindeutig einer Gefahr bewusst. Sein Angstniveau ist gestiegen, und es treten auch alle biologischen Symptome vermehrter Ängstlichkeit auf.

An diesem Punkt muss das Zebra eine Entscheidung treffen: Sollte es sich ernsthafte Sorgen wegen des Löwen machen? Oder ist der Löwe so weit weg, dass er kein Problem darstellt?

Wenn das Zebra zu dem Schluss kommt, dass der Löwe tatsächlich eine Bedrohung darstellt, wechselt es in die dritte Zone über. Jetzt ist es sich nicht nur einer Gefahr bewusst, sondern reagiert auch darauf: Es glaubt, dass der Löwe soeben sein Mittagessen entdeckt hat, und möchte sich so schnell wie möglich aus dem Staub machen. Inzwischen befindet es sich in einem Zustand panischer Angst – im Kampf-oder-Flucht-Modus. Und da das Zebra nun mal ein Zebra ist, entscheidet es sich höchstwahrscheinlich nicht für den Kampf, sondern für die Flucht!

Bei Hunden mit Trennungsangst besteht die Bedrohung in der Zeitdauer, die sie allein verbringen müssen. Wir haben keine Ahnung, warum Hunde Alleinsein als so bedrohlich wahrnehmen. Wir empfinden dieses Verhalten als vollkommen irrational. Aber nachdem ich die Körpersprache von

Hunderten von Hunden beobachtet habe, die alleine zu Hause in Panik geraten, habe ich keinen Zweifel mehr daran, dass diese Hunde Isolation als Existenzbedrohung empfinden.

Ermitteln Sie die Angstschwelle Ihres Hundes!

Jedes Mal, wenn Ihr Hund seine Toleranzschwelle überschreitet, fügen Sie dem »Bankkonto« seiner Angstgefühle eine weitere belastende Episode hinzu, und sehr bald wird es sich für Sie vielleicht so anfühlen, als kämen Sie nie wieder aus den roten Zahlen heraus. Deshalb ist es für das Training eines ängstlichen Hundes so wichtig, seine Toleranzschwelle zu ermitteln.

Um Ihrem Hund zu zeigen, dass es nicht beängstigend ist, ein paar Stunden allein zu bleiben, müssen wir ihn mit positiven Erfahrungen konfrontieren, während er allein ist. Das Schwierige dabei ist: Wie können Sie garantieren, dass der Hund dabei unterhalb seine Angstschwelle bleibt? Im Gegensatz zu unseren Mitmenschen können wir unsere Hunde schließlich nicht fragen, wie es ihnen geht. Aber wir können lernen, ihre Körpersprache zu verstehen, und bei Hunden mit Trennungsangst ist das ein sehr wichtiger Indikator.

Deshalb wollen wir uns nun über ein paar wichtige körpersprachliche Signale Ihres Hundes unterhalten.

»Es ist alles okay.«

So sollte Ihr Hund meistens aussehen: Sein Gesichtsausdruck und seine Körperhaltung sind locker und entspannt. Egal ob er sitzt, steht oder liegt – sein Körper zeigt nirgends eine Spur von Anspannung. Auch der Ausdruck in seinen Augen wirkt entspannt, und vielleicht schenkt er Ihnen sogar ein Hunde-Lächeln.

»Er hat die Situation gerade noch im Griff.«
Ihr Hund fängt an, sich unwohl zu fühlen. Er befindet sich in Alarmbereitschaft und macht sich Sorgen. Zu diesem Zeitpunkt gerät er zwar noch nicht in Panik und flippt auch nicht aus. Er hat alles im Griff – aber gerade noch so. Vielleicht fällt Ihnen auf, dass er bereits hechelt, sich die Schnauze leckt und eine besorgte Furche auf seiner Stirn erscheint. Der Ausdruck in seinen Augen wird »härter«, und das Weiße darin ist zu sehen. Sein Körper spannt sich stärker an. Auch sein Gesichtsausdruck und die Stellung seiner Ohren wirken nicht mehr so entspannt.

»Er flippt aus.«
In diesem Stadium hat Ihr Hund seine Angst- und Panikgefühle nicht mehr unter Kontrolle. Er kann sich nicht mehr zusammenreißen, denn er hat seine Angstschwelle überschritten. Die offenkundigsten Anzeichen dafür sind Bellen, Winseln, Zittern oder Schlottern. Jetzt fängt er an, Möbel anzuknabbern oder Chaos in Ihrer Wohnung anzurichten. Sein Hecheln, Schnauze-Lecken und unruhiges Hin-und-her-Laufen verschlimmern sich.

Manche Hunde zeigen ihre Angst nicht so deutlich; sie sitzen oder liegen vielleicht einfach nur regungslos da oder kauern sich zusammen. Bei solchen Hunden ist es wichtig, sich ihr Gesicht (Augen, Ohren und Schnauze) ganz genau anzuschauen.

Wenn Ihr Hund in Panik gerät und den Kipppunkt überschreitet, rastet er total aus. Seine Angst hat ihn jetzt völlig im Griff. In diesem Stadium wird es Ihnen vielleicht schwerfallen, ihn zu beruhigen.

Man weiß, dass Menschen, die unter Panikattacken leiden, dadurch oft in einen Teufelskreis hineingeraten. Denn die körperlichen Begleiterscheinungen dieser Panik sind so unangenehm, dass die Person, die die Panikattacke erleidet, dadurch erst recht in Panik gerät. Möglicherweise machen auch Hunde diesen Teufelskreis durch. Daher denkt Ihr Hund völlig zu Recht, dass Ihr Fortgehen etwas Schlimmes für ihn ist, denn jedes Mal, wenn Sie die Wohnung verlassen, fühlt er sich im wahrsten Sinn des Wortes hundeelend. Dieser Teufelskreis der Angst verschlimmert sich mit der Zeit immer mehr.

Deshalb ist es so wichtig, von vornherein zu vermeiden, dass Ihr Hund in den Panikmodus verfällt. Wir müssen die Assoziation zwischen dem Alleinsein zu Hause und der Angst auflösen.

Woran erkennen Sie, wann Ihr Hund seine Angstschwelle überschritten hat?

Sie müssen zum Experten in der Beobachtung seiner Körpersprache werden. Eine entspannte Körpersprache ist einfach zu erkennen, und wahrscheinlich wissen Sie inzwischen auch schon sehr genau, wie Ihr Hund sich verhält, wenn er seine Angstschwelle überschritten hat. Der Kipppunkt, an dem er die Situation »gerade noch im Griff hat«, ist schon schwieriger zu erkennen. Beim Erkennen dieser Zwischenzone können Videoaufnahmen Ihnen wertvolle Dienste leisten.

Wenn Sie Ihren Hund stets unterhalb seiner Angstschwelle halten, begreift er dadurch mit der Zeit, dass Alleinsein nichts Furchterregendes ist. Er wird lernen, allein zurechtzukommen, und dann gehören seine Panikattacken ein für alle Mal der Vergangenheit an.

Schritt 2: Ihre erste Expositionsübung

Sobald Sie die Basisbeurteilung durchgeführt haben und wissen, wie lange Ihr Hund zurzeit allein durchhält, können Sie mit dem Expositionstraining beginnen.

Diese Übungen bilden den Grundstein für die Desensibilisierung. Sie gewöhnen Ihren Hund ans Alleinsein, indem Sie ihm zeigen, dass daran nichts Gefährliches ist. Dabei gehen Sie die Sache ganz langsam an: mit Abwesenheiten, die anfangs so kurz sind, dass er sich nicht darüber aufregt, und deren Dauer Sie dann allmählich steigern.

Dafür benötigen Sie einen Trainingsplan. Und der wird folgendermaßen erstellt:

Schauen Sie sich Ihre Basisbeurteilung noch einmal an. Diese Zeitdauer bildet die Grundlage für Ihre erste Übung.

Dabei gehen Sie eine Zeitlang vor die Tür und kommen dann wieder zurück. Dieses Kommen und Gehen werden Sie im Rahmen jeder Übung mehrmals durchführen. Ich bezeichne das als Übungsschritte. Sie haben also nun eine Übung, die aus einer Reihe von Schritten besteht. Für jeden dieser Schritte müssen Sie sich genau aufschreiben, wie lange Sie draußen vor der Tür bleiben werden.

Und Sie werden auch eine Gesamtzielzeit haben. Diese Gesamtzielzeit ist ein Schritt Ihrer Übung. Die anderen Schritte dauern kürzer. Die Zielzeit, die Sie für Ihre erste Übung wählen, sollte kürzer sein als die Zeitdauer, die Sie bei der Basisbeurteilung Ihres Hundes ermittelt haben.

Hier ein paar Beispiele dazu:

Bei der Basisbeurteilung ermittelte Zeitdauer	Zielzeit für die erste Übung
30 Sekunden	20 Sekunden
60 Sekunden	40 Sekunden
5 Minuten	4 Minuten

Sie haben also nun Ihre Zielzeit, aber wie ich bereits erwähnt habe, besteht jede Übung aus mehreren Schritten. All diese Schritte müssen kürzer sein als Ihre Zielzeit, und wenn die Zielzeit 45 Sekunden beträgt, lassen Sie Ihren Hund nur bei einem einzigen Schritt der Übung wirklich so lange allein. Bei allen anderen Schritten sollte die Abwesenheit kürzer sein.

Hier ein Beispiel mit einer Zielzeit von 45 Sekunden:

Schritt 1	Für 10 Sekunden hinausgehen
Schritt 2	Für 20 Sekunden hinausgehen
Schritt 3	Für 15 Sekunden hinausgehen
Schritt 4	Für 35 Sekunden hinausgehen
Schritt 5	Für 30 Sekunden hinausgehen
Schritt 6	Für 10 Sekunden hinausgehen
Schritt 7	Für 15 Sekunden hinausgehen
Schritt 8	Für 45 Sekunden hinausgehen

Beachten Sie, dass ich die Zielzeit ans Ende der Übung gesetzt habe und dass Ihre Abwesenheitszeiten unterschiedlich lange dauern. Einige waren kürzer als beim vorigen Schritt, andere länger.

Und denken Sie daran, dass das nur Beispiele sind. Sie werden bei Ihrem Hund vielleicht mit anderen Zeiten arbeiten, denn Sie müssen sich bei den Abwesenheitszeiten für Ihren

Hund daran orientieren, was er zurzeit verkraftet. (Falls Sie eine Orientierungshilfe dazu benötigen, schauen Sie sich die Musterpläne in Anhang A an).

Vielleicht fragen Sie sich jetzt, warum wir so viele verschiedene Abwesenheitszeiten brauchen. Warum gehen wir nicht einfach achtmal für 45 Sekunden vor die Tür?

Bei einem Hund mit Trennungsangst ist es ungeheuer wichtig, die Wohnung ohne großes Aufhebens zu verlassen, damit er möglichst nicht darauf reagiert. Natürlich ist Ihre Abwesenheitsdauer wichtig (sie ist das Ziel, das wir bei diesem Training am vehementesten verfolgen), aber auch das ruhige, unaufgeregte Verlassen der Wohnung ist ein wichtiger Bestandteil des Trainings.

Jede Übung ist eine Gelegenheit für Sie, beides zu tun: die Wohnung zu verlassen und Ihre Abwesenheitsdauer zu verlängern. Warum habe ich dann so viele kürzere Schritte in die obige Übung eingebaut? Weil Ihrem Hund diese kurzen Schritte höchstwahrscheinlich sehr leichtfallen werden.

Im obigen Beispiel hat der Hund in den vorigen Übungsschritten Abwesenheiten von 5, 10, 20 usw. Sekunden erreicht, um am Ende eine Zielzeit von 45 Sekunden zu bewältigen. Wenn ich diese Abwesenheitszeiten in eine weitere 45-Sekunden-Übung einbaue, wird der Hund diese leichteren Übungsschritte höchstwahrscheinlich gut bewältigen, weil er das schon einmal geschafft hat.

Und selbst wenn der Hund sich mit der Zielzeit schwertut, hat er auf diese Weise trotzdem eine Menge Gelegenheit zum Üben erhalten. Und denken Sie daran, was ich vorhin gesagt habe: Wiederholungen sind wichtig, um etwas an den Emotionen Ihres Hundes zu verändern. Er muss die neue

Assoziation, dass es kein Problem für ihn ist, wenn Sie das Haus verlassen, sehr oft erleben, um die Erinnerungen an seine Vergangenheit, in der er Ihre Abwesenheit als beängstigend empfand, auszulöschen.

Außerdem dienen diese kürzeren Übungsschritte als Aufwärmtraining für die längeren Abwesenheitsdauern. Viele Hunde kommen mit dem Trennungsangst-Training besser zurecht, wenn man Aufwärmübungen einbaut – vor allem in der Anfangsphase des Trainings.

Mit zunehmender Abwesenheitsdauer reduzieren Sie die Anzahl der Übungsschritte, damit das Training sich nicht zu lange hinzieht. Ich fange normalerweise an, die Anzahl der Schritte zu reduzieren, wenn die Zielzeit mindestens 15 Minuten beträgt.

Hier ein Beispiel für eine Zielzeit von 15 Minuten:

Schritt 1	**10 Sekunden**
Schritt 2	**25 Sekunden**
Schritt 3	**5 Sekunden**
Schritt 4	**3 Minuten**
Schritt 5	**20 Sekunden**
Schritt 6	**15 Minuten**

Beachten Sie, dass manche Hunde mit diesen kurzen Aufwärmschritten sehr gut zurechtkommen, während andere sich damit schwertun. Ob Sie mit Aufwärmübungen arbeiten möchten oder nicht, hängt also ganz von Ihrem Hund ab. Beobachten Sie ihn und lassen Sie die Aufwärmübungen weg, wenn er ohne sie besser klarkommt!

Die Wohnung verlassen

Nachdem Sie also nun Ihren ersten Trainingsplan aufgestellt haben, führen Sie die Übung durch.

Installieren Sie Ihre Videokamera genau so, wie Sie es bei der Basisbeurteilung getan haben. Sie müssen Ihren Hund auf dem Bildschirm oder Display sehen können, wenn Sie draußen vor der Tür stehen.

Am besten ist es, Ihre Videoaufnahme zu speichern, denn es kann hilfreich sein, sich später noch einmal anzuschauen, was dabei passiert ist. Das ist zwar nicht unbedingt notwendig, aber dadurch kann das Training effektiver werden. Falls Sie Probleme mit dem Speichern haben oder Ihre App nicht speichert, schauen Sie sich nach kostenlosen Apps mit Speicherfunktion um.

Halten Sie Ihren Trainingsplan bereit. Gehen Sie so lange vor die Tür wie in Übungsschritt 1 angegeben und kommen Sie dann gleich wieder herein. Bei Schritt 2 verfahren Sie genauso.

Achten Sie dabei genau auf Anzeichen von Angst und Unruhe. Das ist sehr wichtig. Wenn Sie sehen, dass Ihr Hund gestresst ist, während Sie vor der Tür stehen, kommen Sie sofort wieder herein.

Wie viel Zeit soll zwischen den einzelnen Übungsschritten liegen? Als Faustregel gilt, dass Sie ungefähr 30 bis 60 Sekunden einplanen sollten. Sie müssen zwischen den einzelnen Schritten nicht unbedingt so lange warten, aber variieren Sie die Zeitabstände. Vielleicht warten Sie zwischen Schritt 1 und 2 45 Sekunden und 15 Sekunden zwischen Schritt 2 und 3. Zwischen Schritt 3 und 4 legen Sie dann vielleicht eine Pause von 50 Sekunden ein usw.

Möglicherweise stellen Sie fest, dass Ihr Hund von Übungsschritt zu Übungsschritt unruhiger wird. Zum Beispiel ist bei Schritt 1 noch alles in Ordnung, aber bei Schritt 2 und Schritt 3 scheint er immer aufgeregter zu werden. Wenn das der Fall ist, verlängern Sie die Zeitabstände zwischen den Übungsschritten und beobachten, ob das hilft.

Sie können es sich auf dem Sofa gemütlich machen oder Ihre E-Mails abrufen, während Sie sich zwischen den einzelnen Übungsschritten in der Wohnung aufhalten. Aber egal was Sie tun: Wenn Sie feststellen, dass Ihr Hund zwischen diesen Schritten mehr Zeit braucht, dann geben Sie ihm diese Zeit. Falls er sich trotzdem nicht beruhigt, machen Sie Schluss und wiederholen die Übung am nächsten Tag.

Wenn Sie draußen vor der Tür stehen und Ihren Hund beobachten, müssen Sie genau darauf achten, ob er ängstlich oder unruhig wird. Egal wie weit Sie mit der Übung gekommen sind oder eine wie lange Abwesenheitsdauer Sie ursprünglich eingeplant hatten – bei Anzeichen von Angst oder Unruhe müssen Sie zurückkommen. Das ist sehr, sehr wichtig.

Und wenn er bellt? Es heißt doch immer, dass man Hunde nicht in ihrem Gebell oder Geheul bestärken sollte. Und für Hunde ohne Angstproblem gilt diese Regel auch tatsächlich.

Wenn Ihr nicht-ängstlicher Hund bellt, weil er damit irgendetwas erreichen möchte, sollten Sie ihn nicht für sein Gebell belohnen, indem Sie tun, was er will. Aber wenn ein Hund mit Trennungsangst bellt, weil er möchte, dass Sie zurückkommen – sollen Sie sein Gebell dann auch so lange ignorieren, bis er damit aufhört?

Nein. Denn wie bereits erwähnt, wird ein Hund mit Trennungsangst nur *noch* ängstlicher, wenn man ihn bellen lässt.

Wenn Sie auf das Gebell Ihres Hundes hin zurückkommen, ist das zwar nicht optimal – aber wenn Sie *nicht* zurückkommen, verstärkt sich seine Angst dadurch noch.

Sie müssen also eine Entscheidung treffen. Am besten ist es, zurückzukommen, denn schließlich wollen Sie nicht, dass seine Angst sich verschlimmert. Denn das wäre ein noch viel größeres Problem, als einen Hund zur Räson zu bringen, den Sie gerade in seinem Gebell bestärkt haben, indem Sie wieder hereinkamen.

Wie geht es Ihrem Hund, wenn Sie zurückkommen? Früher galt eine überschwängliche Begrüßung als Zeichen von Trennungsangst, doch inzwischen wissen wir, dass solche Begrüßungen nicht nur für Hunde mit Trennungsangst typisch sind.

Viele Hunde begrüßen ihren Besitzer aufgeregt, wenn er nach Hause kommt. Viele Hunde begrüßen sogar Fremde, die das Haus betreten, sehr lebhaft. Eine aufgeregte Begrüßung an sich bedeutet also noch nicht unbedingt, dass Ihr Hund unglücklich, gestresst oder verängstigt ist. Vielleicht freut er sich einfach nur darüber, Sie zu sehen.

Und eine Begrüßung, die bei einem Hund besonders überschwänglich wirkt, kann bei einem anderen etwas völlig Normales sein. Wenn meine Klienten mir von einer überschwänglichen Begrüßungsszene erzählen, frage ich sie immer zuallererst: »Was für eine Begrüßung ist denn bei Ihrem Hund normal?«

Einschätzung der normalen Begrüßung Ihres Hundes
Wir müssen herausfinden, wie Ihr Hund Sie normalerweise begrüßt. Erst dann können wir beurteilen, ob seine Begrüßung nach einer Phase des Alleinseins übertrieben ist und ein Zeichen von Stress sein könnte. Dabei geht man folgendermaßen vor:

1. Achten Sie darauf, wie er sich verhält, wenn Sie heimkommen, nachdem er eine Zeitlang allein war. Was tut er: bellen, an Ihnen hochspringen, hecheln? Wie lange braucht er, um sich wieder zu beruhigen?
2. Überlegen Sie, wie er reagieren würde, wenn jemand anders bei ihm zu Hause geblieben wäre (das kann ein Familienmitglied, aber auch ein Hundesitter sein). Begrüßt er Sie bei Ihrer Rückkehr
   - überschwänglicher, als wenn Sie ihn allein zu Hause gelassen hätten?
   - genauso?
   - weniger überschwänglich?
3. Überlegen Sie nun, wie er reagiert, nachdem er (zusammen mit einem Gassigeher oder Familienmitglied) draußen war. Wie ist seine Begrüßung, wenn er wieder nach Hause kommt? Bewerten Sie sie anhand der gleichen Skala wie bei Frage 2. Reagiert er
   - überschwänglicher, als wenn Sie ihn allein zu Hause gelassen hätten?
   - genauso?
   - weniger überschwänglich?
4. Bewerten Sie nun anhand der gleichen Skala, wie er reagiert, wenn Personen, die er kennt (niemand aus Ihrem

Haushalt, sondern Freunde oder andere Familienangehörige), zu Ihnen nach Hause kommen. Begrüßt er diese Leute

- überschwänglicher, als wenn Sie ihn allein zu Hause gelassen hätten?
- genauso?
- weniger überschwänglich?

Wenn seine Begrüßung in Szenario Nr. 1 immer besonders überschwänglich ausfällt, hat er es höchstwahrscheinlich als Stress empfunden, allein zu Hause zu sein. Dann können Sie dieser übertrieben heftigen Begrüßung am besten entgegenwirken, indem Sie ihm seine Trennungsangst abtrainieren.

Wenn Ihr Hund problemlos allein zu Hause bleibt und einfach nur besonders leicht in Aufregung gerät, können Sie es mit anderen Taktiken versuchen. Zum Beispiel:

- Bringen Sie ihm bei, mit hundertprozentiger Sicherheit auf das Kommando »Sitz« oder »Platz« zu gehorchen. Denn im Sitzen oder Liegen kann er nicht an Ihnen hochspringen!
- Geben Sie ihm beim Nach-Hause-Kommen eine Aufgabe. Lassen Sie ihn zum Beispiel ein Spielzeug suchen oder Ihre Schuhe aufheben und Ihnen helfen, sie wegzuräumen.

Früher dachte man, dass ein Hund sich am ehesten beruhigt, wenn man ihn ignoriert. Aber einen Hund zu ignorieren, der Ihre Aufmerksamkeit nicht nur will, sondern auch braucht, ist schon ziemlich grausam.

Und wenn Sie das schon einmal versucht haben, wissen Sie außerdem:

- wie schwierig es sein kann, Ihren Hund zu ignorieren, wenn er so aufgedreht ist,
- dass das nicht viel zu bewirken scheint und
- dass es auch für Sie hart ist, den Unnahbaren zu spielen, wenn Sie ihm so gerne die Ohren kraulen würden, nachdem Sie ihn den ganzen Tag nicht gesehen haben!

Ihn dazu zu bringen, stattdessen etwas anderes zu tun, ist viel effektiver – und wird Ihnen beiden auch mehr Spaß machen.

Schritt 3: Machen Sie sich ausführliche Notizen zu Ihrem Training

Wenn Sie den letzten Schritt Ihrer Übung absolviert haben, notieren Sie sich die Daten dieser Übungssitzung. (Ein Musterarbeitsblatt finden Sie unter www.penguin.de/naismith-trennungsangst)

Sie sollten sich beispielsweise vermerken, was er an diesem Tag gefressen hat, wie viel er sich bewegt hat, wer die Wohnung verlassen hat und wer bei der Trainingssitzung dabei war. (Weitere Beispiele für wichtige Notizen finden Sie auf dem Musterarbeitsblatt.)

Achten Sie darauf, diese Dokumentation nach jeder Sitzung durchzuführen, auch wenn sie Ihnen zu dem betreffenden Zeitpunkt vielleicht nicht besonders sinnvoll erscheint. Mit der Zeit können sich dabei nämlich doch gewisse Trends herauskristallisieren. Vielleicht kommt Ihr Hund beispielsweise um 14 Uhr besser mit dem Training zurecht, oder er schneidet vor oder nach seinem Abendessen besonders gut dabei ab usw.

Wir Menschen neigen von Natur aus dazu, immer Fortschritte sehen zu wollen. Jedes Mal, wenn wir eine dieser Übungen mit unserem Hund durchführen, wünschen wir uns, dass er seine Sache heute besser macht als gestern und morgen noch besser abschneidet als heute. Aber die Fortschritte bei einem Training verlaufen nun mal nicht in einer geraden Linie.

Wenn Sie schon einmal etwas Kompliziertes lernen mussten, wissen Sie, dass das normalerweise auch kein linearer Prozess ist, sondern Ihre Lernerfolge dabei von Tag zu Tag schwanken. Und Sie dürfen auch nicht vergessen, dass wir Ihrem Hund mit diesem Training nicht einfach nur einen neuen Trick beibringen wollen – wir versuchen etwas an seinen Emotionen zu verändern. Also machen Sie sich keine Sorgen, wenn Sie dabei nicht nur gute Tage erleben. Es wird auch immer wieder schlechte Tage geben (und an späterer Stelle in diesem Buch werden wir uns darüber unterhalten, wie man am besten damit umgeht).

Schritt 4: Und jetzt kommen die nächsten Übungen

Bei der ersten Übung (die aus mehreren Schritten bestand) ging es um Ihre Zielzeit. Das Gleiche werden Sie auch bei Übung 2 tun. Aber anhand welcher Kriterien sollen Sie die Zielzeit für die nächste Übung festlegen?

Wenn Ihr Hund Übung Nr. 1 gut gemeistert hat, verlängern Sie die Zielzeit ein bisschen. Machen Sie es ihm etwas schwerer – aber nicht *zu* schwer. Sie sollten die Zeitdauer zum Beispiel nicht verdoppeln.

Planen Sie ein paar kurze Aufwärmschritte, dann drei oder vier Übungsschritte, die im Bereich der angestrebten Zielzeit liegen, und zum Schluss zwei Schritte ein, die viel kürzer sind.

Jedes Mal, wenn Ihr Hund bei einer Übung gut abschneidet, erhöhen Sie die Zielzeit beim nächsten Training.

Wenn er seine Zielzeit an einem Tag nicht erreicht hat, gibt es mehrere Möglichkeiten:

1. Falls Ihr Hund der Zielzeit nahe gekommen ist, versuchen Sie die gleiche Übung am nächsten Tag noch einmal.
2. Wenn er weit danebenlag, geben Sie ihm am nächsten Tag eine leichtere Übung. Das ist die Option, die ich bevorzuge: Wenn seine Zielzeit zum Beispiel 45 Sekunden betragen und er nur 30 Sekunden geschafft hat, gebe ich ihm am nächsten Tag vielleicht 25 Sekunden als Zielzeit vor. Und wenn er bei einer Zielvorgabe von 45 Sekunden 40 Sekunden geschafft hat, gehe ich vielleicht auf 35 Sekunden zurück.

Beim Trennungsangst-Training erreichen wir unser Ziel schneller, wenn wir langsam vorwärtsgehen. Wenn wir zu schnelle Fortschritte machen wollen (und dazu neigen wir Menschen nun einmal), verlangsamt sich der Trainingsprozess, weil wir dabei keine Rücksicht auf das Tempo des Hundes nehmen. Wir verstehen nicht, wo seine Toleranzschwelle liegt und welche Abwesenheitsdauer er gut verkraften kann.

Machen Sie sich niemals Sorgen darüber, dass Sie Ihre Abwesenheitszeit womöglich zu stark verkürzt haben. Denn dann wird Ihr Hund die Übung höchstwahrscheinlich gut bewältigen – und das ist das Wichtigste. Versuchen Sie, sich nicht so sehr auf einen schnellen Erfolg zu versteifen, dass Sie ihm ständig längere Abwesenheitszeiten aufzwingen.

Was die Häufigkeit betrifft, so sollten Sie diese Übungen vier- bis fünfmal pro Woche machen. Sie brauchen nicht jeden Tag mit Ihrem Hund zu üben; gönnen Sie sich zwischendurch ruhig auch mal ein paar Tage Pause. Denn genau wie das menschliche Gehirn ermüdet auch das Gehirn von Hunden mit der Zeit. Ein Ruhetag kann Ihnen und ihm eine große Hilfe sein.

Wie lange dauert es, bis ich mein Ziel erreicht habe? Das ist für Hundebesitzer eine der wichtigsten Fragen. Und wer könnte es ihnen verübeln? Schließlich müssen sie ihr Leben mehr oder weniger auf Eis legen, solange ihr Hund unter dieser krankhaften Angst leidet.

Trennungsangst-Training unterscheidet sich grundlegend von den meisten anderen Trainingsformen, die Sie mit Ihrem Hund vielleicht schon praktiziert haben. Wenn Sie Ihrem Hund schon einmal beigebracht haben, sich hinzusetzen, auf Zuruf zu kommen oder an einer lockeren Leine zu gehen, dann wissen Sie, dass sich die Fortschritte bei diesen Aufgaben recht schnell einstellen. Mit einem guten Trainingsplan, vielen tollen Leckerlis und der richtigen Anleitung können Sie einem Welpen innerhalb einer Stunde, wenn nicht sogar binnen Minuten, das Sitzen beibringen. Aber Trennungsangst-Training bedeutet nicht, dem Hund ein neues Gehorsamsverhalten anzutrainieren. Die Emotionen eines Hundes zu verändern, ist etwas ganz anderes.

Man kann sich das eher wie eine Art Trauer- oder Scheidungsberatung vorstellen. Wenn Menschen ein schweres emotionales Trauma durchmachen, kann es von Individuum zu Individuum unterschiedlich lange dauern, bis sie über die Ursache ihres Kummers hinwegkommen.

Wenn jemand eine schwierige Scheidung durchgemacht hat – würden Sie ihn dann etwa fragen: »Wie lange dauert es, über eine Scheidung hinwegzukommen?« Natürlich können Sie ihm diese Frage stellen, aber Sie werden keine konkrete Antwort darauf erhalten. Denn das ist individuell verschieden. Es hängt von der Situation ab, die zur Scheidung geführt hat – und davon, was die beteiligten Personen (beispielsweise in Form von Gesprächstherapie) getan haben, um sich selbst zu helfen.

Vorhersagen darüber, wie lange ein Lebewesen – egal ob Mensch oder Hund – brauchen wird, um ein emotionales Trauma zu überwinden, sind schwierig zu treffen. Und Trennungsangst ist mit Sicherheit ein emotionales Trauma.

Sechs bis zwölf Monate wären eine vernünftige Schätzung. Manche (sehr wenige) Hunde schaffen es innerhalb von drei Monaten, andere brauchen länger als ein Jahr. Das lässt sich unmöglich genau vorhersagen.

Doch auch wenn niemand prognostizieren kann, wie lange Ihr Hund brauchen wird, um seine Trennungsangst zu überwinden, können Sie doch einen gewissen Beitrag dazu leisten, dass es entweder schneller oder langsamer geht.

Statt zu fragen: *Wie lange wird sein Genesungsprozess dauern?*, sollten Sie sich lieber überlegen: *Wie kann ich dafür sorgen, dass der Genesungsprozess so gut wie möglich verläuft?*

Hier ein paar Möglichkeiten, die Genesung Ihres Hundes zu beschleunigen:

1. Trainieren Sie regelmäßig mit ihm.
2. Trainieren Sie nicht zu oft (oder zu selten).
3. Halten Sie sich bei Ihrem Training an einen festen Plan.
4. Überwachen Sie das Angstverhalten Ihres Hundes per Video.
5. Lassen Sie Ihren Hund während des Trainings niemals seine Angstschwelle überschreiten.
6. Übertreiben Sie es nicht mit dem Üben! Versteifen Sie sich nicht zu sehr darauf, Ihre Abwesenheitsdauer so schnell wie möglich zu verlängern. Verringern Sie den Schwierigkeitsgrad, wenn Ihr Hund sich gerade schwertut, und steigern Sie ihn erst wieder, wenn er gut zurechtkommt.
7. Lassen Sie Ihren Hund nicht länger allein, als er verkraften kann.

Es gibt aber auch ein paar Dinge, die das Training verlangsamen oder den Trainingserfolg verschlechtern können:

1. Sie lassen Ihren Hund viel länger allein, als er es aushält. Mit diesem Training möchten Sie Ihrem Hund die Botschaft vermitteln, dass er keine Angst vor dem Alleinsein zu haben braucht. Während des Trainings erlebt er normalerweise nur kurze, problemlose Abwesenheiten, die er nicht als Bedrohung empfindet. Doch wenn Sie ihn viel länger allein lassen, als er verkraftet, wird die Botschaft, dass Alleinsein keine Gefahr für ihn darstellt, zunichtegemacht. Deshalb ist es so wichtig, beim Trennungsangst-Training lieber ein bisschen langsamer vorzugehen.
2. Sie trainieren zu viel (oder zu wenig).
3. Sie werden ungeduldig und drängen ihn zu sehr.

4. Sie gehen bei dem Training planlos und unsystematisch vor.
5. Sie nutzen bei seinem Training keine Videoüberwachung.

Fallbeispiel

Wente und Poppy

Gewöhnung an fünfstündige Abwesenheitszeiten

Wente adoptierte Poppy, einen wunderschönen grau-weißen Shih Tzu, Anfang des Jahres 2018. Kurz darauf stellte Wente zu ihrem großen Entsetzen fest, dass man Poppy nicht allein lassen konnte. Ihr anderer Shih Tzu hatte keine Probleme damit, allein zu bleiben. Wente wusste also, dass etwas nicht stimmte, als Poppy die ganze Zeit heulte, wenn sie nicht zu Hause war.

Zunächst diskutierten Wente und ich darüber, ob Poppy vielleicht etwas Zeit brauchte, um sich in ihrem neuen Zuhause einzugewöhnen. So etwas erlebe ich oft: neu adoptierte Hunde, die anfangs in Stress geraten, wenn man sie allein lässt, sich dann aber schnell daran gewöhnen. Bei jedem Hund, der in ein neues Zuhause kommt – egal ob Welpe oder ausgewachsener Hund –, empfehle ich daher ein Trennungsangst-Training zu Hause mit vielen kurzen, nicht als bedrohlich empfundenen Abwesenheiten, mit denen Sie Ihrem Hund zeigen, dass Sie immer wieder zurückkommen.

Es ist, als müssten wir unseren Hunden eine Lektion in Sachen Objektpermanenz beibringen: Nur weil sie etwas nicht sehen können, bedeutet das noch lange nicht, dass es nicht mehr existiert.

Doch leider hat sich die Situation bei Poppy im Lauf der Zeit nicht von selbst verbessert.

Also begann Wente mit einem Desensibilisierungstraining nach meiner Methode. Sie ließ Poppy nicht mehr allein, verabreichte ihr Medikamente gegen ihre Angstzustände und begann mit Übungen, um Poppy allmählich an immer längere Abwesenheiten zu gewöhnen.

Dank ihrem Fleiß und Engagement machte Poppy dabei sehr gute, kontinuierliche Fortschritte. Für Wente war es ein großes Erfolgserlebnis, als sie Poppy endlich allein lassen und ein ganz normales Leben führen konnte.

»Ich wollte Ihnen nur sagen, dass ich Poppy heute zweieinhalb Stunden allein gelassen habe«, berichtete sie mir. »Und wenn ich ›allein‹ sage, meine ich, dass [ich] diesmal während dieser Zeit tatsächlich das Haus verlassen und etwas unternommen habe. Ich war heute mit einem Kunden zum Mittagessen verabredet und dachte mir: In letzter Zeit geht es ihr so gut, warum sollte ich es da nicht mal mit einer echten Abwesenheit probieren? Poppy lief zwar zweimal in der Wohnung hin und her, hat aber weder gebellt noch geheult. Sie blieb ganz ruhig und entspannt. Ich bin ungeheuer froh darüber, dass sie ihre Sache so gut gemacht hat! Nochmals vielen Dank für alles!«

Außerdem gestand Wente mir: »Ich glaube, ich war *noch* nervöser als Poppy!«

Das ist ganz und gar nicht ungewöhnlich. Selbst wenn wir unseren Hund inzwischen schon an ziemlich lange Abwesenheitszeiten gewöhnt haben, jagt es uns vielleicht trotzdem Angst ein, uns plötzlich weiter von zu Hause zu entfernen, sodass wir nicht gleich wieder zurückkommen können. Kein Hundebesitzer möchte den bereits erreichten Fortschritt aufs

Spiel setzen; oft muss ich meine Klienten erst dazu überreden, den Sprung ins kalte Wasser zu wagen. Doch das lohnt sich, denn sobald ein Hund längere Abwesenheitszeiten gemeistert hat, ist es kein großes Risiko mehr, tatsächlich fortzugehen.

Poppy kann jetzt fünf Stunden allein zu Hause bleiben, und Wente ist nicht mehr gestresst, wenn sie ihre Hündin sich selbst überlässt. Eine echte Win-win-Situation!

Übernehmen Sie die Kontrolle über alles, was in Ihrem Einflussbereich liegt. Sorgen Sie dafür, dass dieser Gewöhnungsprozess in einem für Sie und Ihren Hund passenden Tempo abläuft. Halten Sie sich an einen festen Plan und trainieren Sie Ihren Hund gut, dann haben Sie hervorragende Chancen, ihm über seine Trennungsangst hinwegzuhelfen.

Wir können zwar nicht vorhersagen, wie lange das dauern wird, aber Sie sollten sich stets vor Augen halten, dass Sie tun, was Sie können, um Ihrem Hund so schnell wie möglich zu helfen.

Schritt 5: Sorgen Sie für ein gutes Abwesenheitsmanagement

Da die Überschreitung der Angstschwelle oft ein großes Trainingshindernis ist, kann ich gar nicht oft genug betonen, wie wichtig es ist, Ihren Hund niemals allein zu lassen.

Auf den ersten Blick wirkt das ziemlich absurd: Denn wenn Sie die Möglichkeit hätten, Ihren Hund rund um die Uhr zu betreuen, bräuchten Sie sich ja schließlich keine Sorgen über seine Trennungsangst zu machen! Aber denken Sie daran: Sie müssen Ihrem Hund die Botschaft vermitteln, dass es ungefährlich ist, allein zu sein, also dürfen Sie ihm während des Trainings keine beängstigenden Abwesenheiten zumuten.

Und was ist, wenn Sie morgen nicht ständig zu Hause bleiben können und auch niemanden haben, der Ihren Hund rund um die Uhr betreut? Bedeutet das, dass Sie lieber gar nicht erst mit dem Training anfangen sollten?

Es kann durchaus sein, dass Ihr Hund seine Trennungsangst nicht überwindet, wenn Sie ihn zwischendurch immer wieder allein lassen, doch einige wenige Hunde scheinen bei ihrem Training auch unter solchen Umständen Fortschritte zu machen.

Sie dürfen ihn definitiv nicht so oft allein lassen, wie Sie es bisher getan haben. Aber wenn Sie es beim besten Willen nicht so einrichten können, dass er rund um die Uhr Gesellschaft hat, warum versuchen Sie dann nicht wenigstens, ihn nächste Woche einen Tag oder eine Stunde weniger allein zu lassen, und beginnen einstweilen schon mal mit dem Training? In der Woche darauf lassen Sie ihn noch ein bisschen seltener allein, dann noch seltener usw.

Wenn Menschen ihre Gewohnheiten ändern möchten, schaffen manche das von einer Sekunde auf die andere, während andere dafür eine schrittweise Umstellung brauchen. Falls Sie zur letzteren Personengruppe gehören sollten, versuchen Sie es einfach trotzdem. Wenn Sie es in der kommenden Woche schaffen, zumindest eine kleine Änderung an Ihrem Zeitplan vorzunehmen, bleibt Ihr Hund wenigstens *ein bisschen* seltener allein als jetzt.

Letzten Endes werden Hundehalter, die ihren Vierbeiner auch während des Trainings weiterhin allein lassen, schnell merken, dass sie damit aufhören müssen, weil er dann bei seinem Training keine Fortschritte macht. Und wenn Ihr Hund während Ihrer Abwesenheit bellt, Sachen anknabbert oder das Haus verschmutzt, können Sie dieses Problemverhalten nur beheben, indem Sie ihn nicht mehr allein lassen. Ein gutes Abwesenheitsmanagement verbessert also nicht nur den Trainingserfolg, sondern hilft gleichzeitig auch gegen das Angstproblem Ihres Hundes.

Wenn es gar nicht anders geht, beginnen Sie mit dem Training, auch wenn Sie vorläufig noch keinen Weg gefunden haben, ihn *gar nicht mehr* allein zu lassen. Aber suchen Sie trotzdem weiter nach Möglichkeiten, ihm das Alleinsein zu ersparen. Denken Sie daran, dass es ihm nicht gut geht, dass er seine Angstschwelle überschreitet und in blinde Panik gerät, wenn Sie weggehen. Schon allein aus Gründen der Menschlichkeit wäre es ein großer Gewinn für Sie und Ihren Hund, wenn Sie ihm ein bisschen von dieser Panik ersparen könnten.

Fallbeispiel

Sarah und Bam

Manchmal kann es wahre Wunder bewirken, seinen Hund nicht mehr allein zu lassen

Bam ist eine imposante ungarische Vizsla-Hündin mit den für diese Rasse typischen auffallenden bernsteinfarbenen Augen. Außerdem ist der Vizsla für seine Energie bekannt – eine

Eigenschaft, von der Bam eindeutig eine Menge mitbekommen hat.

Sarah und ihre Familie haben Bam von ihren früheren Besitzern übernommen, die den Anforderungen dieser Rasse nicht mehr gewachsen waren: Sie waren tagsüber fast nie zu Hause und konnten Bam daher nicht den Auslauf bieten, den sie brauchte.

Sarah hingegen arbeitet von zu Hause aus. Außerdem ist sie Ultramarathonläuferin, sodass Bam bei ihr auf jeden Fall die Bewegung bekommt, die sie braucht.

Sarah hatte früher bereits Vizslas gehabt, war also auf Bams Energie und Tatendrang vorbereitet. Womit sie jedoch nicht gerechnet hatte, war Bams große Anhänglichkeit. Schon nach wenigen Tagen ließ die Hündin ihr Frauchen nicht mehr aus den Augen.

Sie geriet schon in Stress, wenn Sarah sich in einem anderen Zimmer aufhielt, und wenn sie das Haus verließ, flippte Bam aus.

Schon nach ein paar Tagen war Sarah klar, dass ihre Familie einen Hund adoptiert hatte, den man nicht allein lassen konnte.

Daraufhin begann sie sofort zu handeln. Ihr erster Schritt bestand darin, ihren Zeitplan und den ihrer Familie so umzustellen, dass Bam nicht mehr allein zu sein brauchte. Dann wandte sie sich hilfesuchend an mich, und wir begannen die Hündin schrittweise darauf zu trainieren, dass sie allein besser zurechtkam.

Bei der ersten Basisbeurteilung warf Bam sich vor Trennungsschmerz gegen die Tür, als Sarah das Haus verließ.

Doch sehr schnell begann die Hündin zu begreifen, dass Sarah zwar wegging, aber immer wieder zurückkehrte.

Sarah leistete bei Bams Training hervorragende Arbeit. Sie trainierte sie im Winter, und als ihre Abwesenheitszeiten allmählich immer länger wurden, zog sie sich warm an und suchte in ihrem geparkten Auto Unterschlupf, während sie die Hündin über ihr Handy beobachtete.

Bam machte eine Entwicklung durch, die ich immer wieder erlebe: Anfangs war sie vor Angst wie gelähmt, wenn ihr Frauchen sie verließ, doch schließlich fand sie sich damit ab. (Hunde sind selten *glücklich*, wenn wir weggehen!)

Und genau wie viele Hundebesitzer hatte auch Sarah irgendwann mehr Angst vor diesen Trennungen als die Hündin selbst! Bam hielt inzwischen schon regelmäßig länger als eine Stunde durch. Trotzdem musste ich Sarah förmlich dazu zwingen, das zu tun, was sie am meisten vermisste: am Donnerstagvormittag endlich wieder an ihrem Zirkeltraining teilzunehmen.

»[Ich bin] sehr froh, Ihnen berichten zu können, dass ich heute früh zu meinem Zirkeltraining gegangen bin und Bam allein zu Hause gelassen habe«, erklärte sie mir. »Sie hat die meiste Zeit auf dem Sofa herumgelümmelt, dann ist sie in den Flur gegangen und hat sich dort hingelegt. Sie ist jetzt viel cooler! Keine Unruhe. Kein Gebell. Das ist wirklich ein Grund zum Feiern!«

Sarah hatte völlig recht, als sie zögerte, wieder an ihrem Zirkeltraining teilzunehmen, weil sie die Fortschritte, die sie mit ihrer Hündin inzwischen gemacht hatte, nicht aufs Spiel setzen wollte. Aber ich wusste, dass Bam es schaffen würde, und so konnte Sarah seit Monaten zum ersten Mal wieder zu ihrem geliebten Zirkeltraining gehen.

Bam machte rasante Fortschritte, und ich bin überzeugt davon, dass das hauptsächlich auf Sarahs schnelle Entscheidung zurückzuführen war, Bam nicht mehr allein zu lassen.

Inzwischen bleibt die Hündin problemlos allein zu Hause, und Sarah nimmt wieder regelmäßig jeden Donnerstag um zehn Uhr an ihrer Gymnastik teil.

Selbständigkeitstraining (und wann man es durchführen sollte)

Sie werden viele Ratschläge darüber zu hören bekommen, dass Sie Ihrem Hund über seine Trennungsangst hinweghelfen können, indem Sie ihn davon abhalten, Ihnen im Haus auf Schritt und Tritt nachzulaufen.

Diese Strategie bezeichnet man auch als Selbständigkeitstraining.

Wie ich Ihnen in diesem Buch hoffentlich vermitteln konnte, geht es bei meiner Trainingsmethode vor allem um Effizienz. Als Hundebesitzer verfügen Sie nur über ein begrenztes Maß an Zeit, Energie und Geduld. (Das gilt übrigens auch für Hundetrainer!)

Also konzentrieren Sie Ihre Bemühungen lieber auf das Training, das am ehesten dazu führt, dass Ihr Hund sich daran gewöhnt, allein zu Hause zu bleiben.

Wissenschaftlichen Untersuchungen zufolge gibt es tatsächlich einen Zusammenhang zwischen der Trennungsangst Ihres Hundes und seiner Neigung, Ihnen überallhin nachzulaufen.

Es gibt aber auch Belege dafür, dass selbst manche nicht ängstliche Hunde dazu neigen, ihren Besitzern auf Schritt und Tritt zu folgen.

Steckt eine überstarke Bindung dahinter, wenn ein Hund Angst bekommt, sobald Sie das Haus verlassen? Oder ist das Hinterherlaufen ein Symptom von Trennungsangst – verfolgt Ihr Hund Sie also deshalb ständig, weil er bei jeder Ihrer Bewegungen befürchtet, dass Sie gleich fortgehen könnten?

Da wir das nicht genau wissen, gehe ich in diesem Buch absichtlich nicht sehr ausführlich auf das Selbständigkeitstraining ein.

Selbst wenn es jemals schlüssige Beweise dafür geben sollte, dass übermäßige Anhänglichkeit zu den Hauptursachen für Trennungsangst gehört, werde ich meinen Klienten trotzdem immer noch raten, ihre Energie auf das beste Selbständigkeitstraining zu konzentrieren, das es gibt: nämlich, ihrem Hund beizubringen, dass er sich keine Sorgen zu machen braucht, wenn sie das Haus verlassen. An dieser Vorgehensweise würde ich nur dann etwas ändern, wenn es Beweise dafür gäbe, dass man nur etwas gegen die Anhänglichkeit des Hundes im Haus tun muss, um seine Trennungsangst zu beheben.

Viele Hunde sind in anderen Bereichen des Hauses – weit weg von ihren Besitzern – durchaus glücklich, doch sobald ihr Besitzer Anstalten macht, das Haus zu verlassen, flippen sie aus.

Es gibt allerdings zwei Fälle, in denen ich ein Selbständigkeitstraining im Haus durchaus empfehlen würde: 1) wenn der Hund sich schon bei Ihren ersten Aufbruchssignalen so sehr aufregt, dass gar keine Trainingsabwesenheiten möglich sind; 2) wenn Ihr Hund so sehr an Ihnen hängt, dass er Ihnen ständig nachläuft und das inzwischen zu einem Problem für Sie geworden ist.

Wenn eines dieser beiden Szenarien auf Ihren Hund zutrifft, sollten Sie Folgendes tun:

1. Desensibilisieren Sie ihn gegenüber unvermeidbaren Aufbruchssignalen.
2. Desensibilisieren Sie ihn gegenüber der Tür.
3. Desensibilisieren Sie ihn gegenüber Ihrem Aufstehen.
4. Belohnen Sie Ihren Hund, nachdem er eine Zeitlang von Ihnen getrennt war.

Auf Szenario Nr. 1 sind wir bereits eingegangen, also wollen wir uns nun mit Szenario Nr. 2, 3 und 4 beschäftigen.

Desensibilisieren Sie ihn gegenüber der Tür

Die Desensibilisierung gegenüber der Tür ist für alle Hunde eine hervorragende Übung – also nicht nur für diejenigen, deren Angstschwelle so niedrig ist, dass ihr Besitzer nicht einmal vor die Haus- oder Wohnungstür gehen kann, ohne dass der Hund ausflippt.

Ich vergleiche das Trennungsangst-Training gerne mit einer schrittweisen Expositionstherapie für Menschen mit Flugangst: Auch wenn wir uns bei der Desensibilisierung noch so große Mühe geben, die Übungsschritte so klein wie möglich zu halten, kommen wir sowohl bei der Trennungsangst als auch bei der Flugangst doch irgendwann an einen Punkt, an dem eine Klippe überwunden werden muss. Beim Fliegen ist das der Start des Flugzeugs. Bei der Trennungsangst ist es der Augenblick, in dem der Hundebesitzer zur Tür hinausgeht und sie hinter sich schließt.

Beide Situationen sind (für den betroffenen Menschen oder Hund) eine enorme Herausforderung.

Aber wir können trotzdem unser Bestes tun, um das Verlassen der Wohnung so zu gestalten, dass es langsam und schrittweise abläuft. (Beim Start eines Flugzeugs geht das natürlich nicht: Entweder die Maschine hebt ab, oder sie bleibt auf der Landebahn!)

Glücklicherweise kann man das Problem des Verlassens der Wohnung in winzig kleinen Schritten angehen, die fast alle Hunde verkraften.

Diese kleinen Teilschritte könnten zum Beispiel folgendermaßen aussehen:

1. Gehen Sie bis auf 1,80 Meter an die Tür heran.
2. Gehen Sie bis auf 90 Zentimeter an die Tür heran.
3. Gehen Sie zur Tür und berühren Sie sie.
4. Gehen Sie zur Tür und berühren Sie die Türklinke.
5. Gehen Sie zur Tür und drücken Sie die Türklinke herunter.
6. Gehen Sie zur Tür und berühren Sie das Schloss.
7. Gehen Sie zur Tür und drehen Sie den Schlüssel im Schloss herum.
8. Gehen Sie zur Tür, öffnen und schließen Sie sie wieder.
9. Gehen Sie zur Tür, öffnen Sie sie für drei Sekunden und schließen Sie sie dann wieder.
10. Gehen Sie zur Tür, öffnen Sie sie und gehen Sie hindurch, ohne sie hinter sich zu schließen.
11. Gehen Sie zur Tür, öffnen Sie sie, gehen Sie hindurch und schließen Sie sie hinter sich. Dann öffnen Sie die Tür wieder und kommen in die Wohnung zurück.
12. Gehen Sie zur Tür, öffnen Sie sie, gehen Sie hindurch und schließen Sie die Tür hinter sich. Bleiben Sie draußen und zählen Sie bis eins. Dann öffnen Sie die Tür wieder und kommen in die Wohnung zurück.

Diese Schritte sollten je nach den in Ihrer Wohnung herrschenden Gegebenheiten abgewandelt werden. (Zum Beispiel haben manche Häuser oder Wohnungen vielleicht keinen Türgriff, sondern nur ein Schloss.)

Wiederholen Sie jeden Schritt so oft, bis Ihr Hund nicht mehr darauf reagiert. Er schaut Sie zwar vielleicht immer noch an (und hält Sie womöglich für verrückt!), aber solange er nicht unruhig wird oder sich aufregt, ist alles in Ordnung. Sobald Sie dieses Ziel erreicht haben, können Sie zum nächsten Schritt übergehen.

Sie können dieses Training über mehrere Tage hinweg durchführen – man muss nicht alles auf einmal machen. Es ist sogar besser, sich damit ein bisschen mehr Zeit zu lassen, da Ihr Hund zu viele Wiederholungen als stressig empfinden könnte.

Wenn Sie so weit sind, dass Sie die Tür ohne Reaktion vonseiten Ihres Hundes hinter sich schließen können, dann können Sie als Nächstes testen, wie lange Sie draußen vor der Tür bleiben können, ohne dass Ihr Hund Angst bekommt. (Siehe Abschnitt »Wie führt man eine Basisbeurteilung durch?« auf Seite 107).

Desensibilisieren Sie ihn gegenüber Ihrem Aufstehen

Da das Aufstehen vom Sofa für einen Hund mit Trennungsangst ein sehr starker Trigger sein kann, können Sie dabei nach den gleichen Prinzipien vorgehen wie bei der Desensibilisierung Ihres Hundes gegenüber der Tür. Ihr Ziel besteht darin, dass er nicht mehr reagiert, wenn Sie aufstehen.

Der Trainingsplan könnte ungefähr folgendermaßen aussehen:

- Machen Sie Anstalten, aufzustehen, aber erheben Sie sich nur um ungefähr 30 Zentimeter von der Sitzfläche.
- Stehen Sie auf.
- Stehen Sie auf und gehen Sie zwei Schritte usw.

Belohnen Sie Ihren Hund, nachdem er eine Zeitlang von Ihnen getrennt war

Und nun wollen wir uns dem Teil des Selbständigkeitstrainings zuwenden, bei dem es darum geht, Ihren Hund dafür zu belohnen, dass er Ihnen nicht auf Schritt und Tritt nachläuft. Fangen Sie klein an, indem Sie Ihren Hund für ruhiges Sitzen- oder Liegenbleiben belohnen, und steigern Sie den Schwierigkeitsgrad dann ein bisschen, indem er eine Belohnung erhält, wenn er ein ganzes Stück von Ihnen entfernt bleibt.

Hierfür muss Ihr Hund an das Kommando »Sitz« oder »Platz« gewöhnt sein. Falls er das noch nicht beherrschen sollte, empfehle ich Ihnen ein Trainingsprogramm wie in Anhang B dieses Buches.

Sie werden Ihrem Hund jetzt beibringen, ganz ruhig sitzen- oder liegenzubleiben. Dazu brauchen Sie:

- Eine Matte, die Sie nur für dieses Training verwenden. Es ist wichtig, dass diese Matte nur dann zum Einsatz kommt, wenn Sie Ihrem Hund das Liegenbleiben beibringen. Warum? Weil Sie bei diesem Training feststellen werden, dass Ihr Hund sofort automatisch zu der Matte hinläuft, wenn Sie sie zu Beginn des Trainings herausholen. Er wird sich geradezu magisch dazu hingezogen fühlen. Dieser Effekt lässt jedoch mit der Zeit nach, wenn Sie sie nicht benutzen.

- Viele tolle Leckerlis. Zerteilen Sie sie in kleine Stücke und halten Sie sie in einem Beutel parat. Sorgen Sie dafür, dass die Leckerlis griffbereit sind, wenn Sie mit dem Training beginnen.
- Ein Exemplar des Trainingsplans (entweder aus Anhang B dieses Buches oder die interaktive Version unter www.penguin.de/naismith-trennungsangst).

Der Plan besteht aus mehreren Schritten mit ansteigendem Schwierigkeitsgrad. Er beinhaltet auch Kriterien für das weitere Vorgehen (je nachdem, wie gut Ihr Hund beim vorherigen Schritt abgeschnitten hat).

Arbeiten Sie dabei in Fünfergruppen. Die Grundregel lautet: Wenn Ihr Hund nur drei von fünf Aufgaben richtig gelöst hat, bleiben Sie beim selben Schritt und wiederholen ihn. Wenn er vier oder fünf von fünf Aufgaben geschafft hat, gehen Sie zum nächsten Schritt über. Wenn er nur ein oder zwei Aufgaben gelöst hat, gehen Sie noch einmal zum vorigen Schritt zurück.

So arbeiten Sie sich durch die einzelnen Schritte, bis Sie am Ende der Übung angelangt sind.

Bei den letzten Übungsschritten geht es darum, in verschiedene Zimmer Ihres Hauses zu gehen und die Tür hinter sich zu schließen. Dabei kommt es natürlich sehr stark auf den Grundriss Ihres Hauses an. Machen Sie sich also keine Sorgen, wenn die beschriebenen Schritte nicht zur Raumaufteilung Ihres Hauses passen. Entscheiden Sie einfach, welche Schritte für Sie am sinnvollsten sind.

Belohnen Sie Ihren Hund auch außerhalb dieses Trainings für ruhiges, selbständiges Verhalten: Immer wenn er sich nicht in Ihrer unmittelbaren Nähe aufhält und trotzdem ruhig ist, bekommt er eine Belohnung.

Noch mehr Tipps für den Umgang mit übermäßig anhänglichen Hunden

Wenn Hunde Angst bekommen, sobald sie sich nicht in der unmittelbaren Nähe ihres Besitzers aufhalten, ist es vielleicht nahezu unmöglich, sie unterhalb ihrer Angstschwelle zu halten. Das kann das Training behindern. Außerdem ist es ausgesprochen stressig für den Besitzer, weil er dann weiß, dass es seinem Hund wahrscheinlich nicht gut gehen wird – egal wie sehr er sich bemüht, eine Betreuungsmöglichkeit für ihn zu finden.

Hier meine drei besten Tipps für den Umgang mit einem Hund, der nicht von Ihrer Seite weicht.

1. Verteilen Sie die Liebe

Diese Idee stammt aus der Kinderpsychologie. Wenn ein Kind zu sehr an einem Elternteil hängt, kann es sinnvoll sein, den nicht bevorzugten Elternteil stärker in Aktivitäten einzubeziehen, die dem Kind Spaß machen, während der bevorzugte Elternteil sich seltener daran beteiligt.

Genauso kann man auch bei Hunden mit Trennungsangst vorgehen: Zwei bis drei andere Personen sollten mit dem Hund mehr Dinge unternehmen, die ihm Spaß machen, während die bisherige Hauptbezugsperson sich ein bisschen weniger mit ihm beschäftigt. Dadurch soll dem Hund klar werden, dass die schönen Dinge in seinem Leben nicht immer nur von einer einzigen Person kommen müssen und dass ihm keine Gefahr droht, wenn er mit anderen Menschen zusammen ist.

Bei diesen anderen Personen muss es sich nicht unbedingt um Familienmitglieder handeln. Es kann auch der Hundesitter, ein Mitarbeiter der Hundetagesstätte oder ein Freund sein. Allerdings sollten sie einen ziemlich festen Platz im Leben Ihres Hundes einnehmen.

2. Finden Sie die »am wenigsten schlimme« Alternative für Ihren Hund

Bei dieser Strategie müssen Sie mehrere verschiedene Szenarien bewerten – von der schlimmsten bis zur besten Alternative für Ihren Hund.

Am schlimmsten wäre das Alleinsein. Am besten für ihn ist es, mit seiner engsten Bezugsperson zusammen zu sein.

Vielleicht empfindet Ihr Hund es als stressig, wenn Sie ihn vom Hundesitter betreuen lassen – aber er ist dann wenigstens nicht ganz so gestresst wie in der Tagesstätte. Oder vielleicht kommt er mit Ihrem Partner einigermaßen gut zurecht – auf jeden Fall fühlt er sich dann wohler, als wenn Ihre Eltern auf ihn aufpassen.

Finden Sie das Szenario, das für Ihren Hund am wenigsten schlimm ist, und wählen Sie dieses als erste Option für seine Betreuung. Sie können diese Strategie mit Tipp Nr. 1 kombinieren, damit der Hund sich nicht nur bei Ihnen, sondern auch in Gesellschaft anderer Menschen wohlfühlt.

3. Geben Sie ihm Medikamente

Bei den meisten Hunden lässt sich das Trennungsangst-Training durch Medikamente unterstützen. Bei Hunden, die sich nur in Gegenwart einer einzigen Person wohlfühlen, sind Medikamente sogar ein absolutes Muss.

Dabei kann es sich entweder um ein Notfallmedikament oder um Arzneimittel handeln, die er täglich einnimmt (oder beides). Ein Notfallmedikament wäre besonders hilfreich. Wir brauchen jede verfügbare Hilfestellung, die es gibt, um diese Hunde unterhalb ihrer Angstschwelle zu halten, damit das Training funktioniert.

Wenn Sie einen dieser besonders anhänglichen Hunde haben, wird es besonders schwierig sein, ihm seine Trennungsangst abzutrainieren, aber es ist machbar.

Kann ein Hundetrainer diese Arbeit für Sie übernehmen?

Das ist eine ganz hervorragende Lösung für Haushalte, deren Mitglieder alle sehr beschäftigt sind. Beim allgemeinen Gehorsamkeitstraining ist es sogar sehr viel besser, jemand anderen damit zu beauftragen, wenn Sie keine Zeit dazu haben, als das Training überhaupt nicht durchzuführen. Normalerweise gibt es zwei Möglichkeiten:

1. ein Aufenthalt in einer Hundetrainingseinrichtung
2. oder ein Tagestraining, bei dem der Trainer zu Ihnen nach Hause kommt, während Sie in der Arbeit sind.

Leider eignen sich beide Optionen nicht besonders gut für das Trennungsangst-Training.

Hundetrainingseinrichtung

Auf den ersten Blick scheint das eine sehr naheliegende Lösung für die Trennungsangst Ihres Hundes zu sein: Man schickt ihn einfach für zwei Wochen in eine Trainingseinrichtung, um ihm seine Trennungsangst abzugewöhnen.

Doch so verlockend das auch klingen mag: Eine Hundetrainingseinrichtung ist keine Lösung für Hunde mit Trennungsangst. Und zwar aus verschiedenen Gründen:

1. Trennungsangst lässt sich nur selten – wenn überhaupt – innerhalb von zwei bis drei Wochen beheben.
   Trennungsangst-Training ist viel komplizierter, als einem Hund beizubringen, sich hinzusetzen oder brav an der Leine zu gehen. Denn dabei geht es nicht einfach nur darum, dem Hund einen neuen Trick beizubringen, sondern man muss etwas an seinen Emotionen verändern.
   Wenn Ihnen jemand sagt, er könne die Trennungsangst Ihres Hundes innerhalb von ein paar Wochen beheben, sollten bei Ihnen die Alarmglocken klingeln.
2. Hunde können Erfahrungen nicht gut verallgemeinern.
   Wir glauben, dass ein Hund seine Trennungsangst ein für alle Mal überwunden hat, wenn er sein Training hinter sich hat. Aber so ticken Hunde nun einmal nicht: Eine neue Umgebung bringt wieder neue Ängste mit sich.
   Das bedeutet, dass es nichts bringt, wenn Ihr Hund sein Trennungsangst-Training woanders absolviert. Denn selbst wenn er seine Trennungsangst in dieser neuen Umgebung überwindet (aber das wird er wahrscheinlich nicht schaffen – siehe Regel Nr. 1), wird er sich bei Ihnen zu Hause trotzdem immer noch nicht sicher fühlen. Sie müssen das

Desensibilisierungstraining anschließend also auch noch in seiner häuslichen Umgebung durchführen.

3. Es könnte passieren, dass Ihr Hund in dieser Hundetrainingseinrichtung manchmal allein gelassen wird.
Können die Trainer einer solchen Institution Ihnen garantieren, dass sie Ihren Hund nie allein lassen werden – nicht einmal fünf Minuten lang? Wie Sie wissen, ist es für einen Hund mit Trennungsangst sehr wichtig, niemals allein zu bleiben. In einer für ihn neuen Umgebung ist diese Regel sogar noch wichtiger. Selbst ausgeglichene, angstfreie Hunde können in einem neuen Umfeld in Panik geraten.
Und wenn Sie die Option »Hundetrainingseinrichtung« tatsächlich nutzen möchten – haben Sie dem zuständigen Trainer auch wirklich in die Augen geschaut und ihn schwören lassen, dass Ihr Hund dort keine Minute lang allein bleiben wird? Und (was ebenso wichtig ist) hat er Ihnen zugesichert, dass Ihr Hund nicht in eine Box gesperrt wird?

4. Früher wurde in solchen Einrichtungen ein auf Bestrafung beruhendes Training durchgeführt.
Nicht alle professionellen Hundetrainer arbeiten mit Bestrafungen. Zum Glück gibt es in solchen Hundetrainingseinrichtungen inzwischen immer mehr hochqualifizierte Trainer, die auf gewaltfreies Training setzen.
Einem Hund wehzutun oder ihn zu erschrecken, damit er sein Verhalten ändert, ist weder ethisch noch notwendig. Außerdem ist es noch nicht einmal so effektiv wie ein gewaltfreies Training.
Es gibt keinen Grund, Hunde mithilfe von Bestrafungen zu trainieren, also glauben Sie niemandem, der Ihnen

einzureden versucht, dass das die einzige oder beste Trainingsmethode ist.
Ich höre zwar oft: »Er ist als völlig veränderter Hund aus dem Training zurückgekommen.« Doch wenn er zwei Wochen lang mithilfe von Bestrafungen trainiert wurde, dann ist das, was Sie bei seiner Rückkehr erleben, kein ruhiger Hund, sondern ein Hund, der völlig »dichtgemacht« hat, weil er glaubt, dass der beste Weg, einer Bestrafung zu entgehen, darin besteht, überhaupt kein Verhalten zu zeigen. Angst mit Angst zu behandeln, ist keine gute Lösung für Hunde mit Trennungsangst.

5. Beim Hundetraining gibt es keine Garantien.
Ein solches Training kann – wenn es von einem qualifizierten, gewaltfreien Trainer richtig durchgeführt wird – große Veränderungen bei Ihrem Hund bewirken. Seriöse Trainer, die in einer Hundetrainingseinrichtung arbeiten, geben jedoch keine Erfolgsgarantien, weil sie wissen, dass das unethisch ist.
Bei der Arbeit mit Hunden gibt es grundsätzlich keine Garantien. Wenn die Einrichtung, in der Sie Ihren Hund unterbringen möchten, hundertprozentig sichere Ergebnisse verspricht, sollten Sie das als absolutes Alarmsignal betrachten.
Also ist eine Hundetrainingseinrichtung für Hunde mit Trennungsangst nicht geeignet?
Das kann man nicht unbedingt sagen. Sie sollten ihn tatsächlich nicht in eine solche Einrichtung schicken, um an seiner Trennungsangst zu arbeiten, aber um ihm sein Hochspringen, seine negativen Reaktionen gegenüber anderen Hunden und viele andere Verhaltensprobleme abzutrainieren, kann ein Aufenthalt in einer Hundetrainingseinrichtung

durchaus sinnvoll sein – nur eben nicht bei Trennungsangst!

Abgesehen davon könnte die Unterbringung Ihres Hundes an einem anderen Ort durchaus eine Lösung für Sie und Ihre Familie sein – zum Beispiel, wenn Sie in Urlaub fahren möchten oder eine kleine Auszeit von seiner Trennungsangst brauchen.

Aber bevor Sie einen solchen Aufenthalt für Ihren Hund buchen, sollten Sie zunächst einmal folgende Fragen stellen:

Welche Trainingsmethoden werden dort eingesetzt? Achten Sie auf Wörter wie *gewaltfrei, positive Verstärkung, human, Futter, Leckerlis* und *Spaß*. Begriffe wie *ausgewogenes Hundetraining, Korrektur, Führung* und *Dominanz* sind Codewörter für ein Training, das mit Bestrafung arbeitet.

Was genau wird mit meinem Hund passieren, wenn er etwas richtig macht? Und wenn er etwas falsch macht?

Wie sieht sein Trainingsplan aus? (Bitten Sie darum, den Plan sehen zu dürfen.)

Wie wird dort mit seinem Bedürfnis umgegangen, niemals allein zu bleiben?

Wenn Sie auf diese Fragen überzeugende Antworten erhalten, dann entscheiden Sie sich ruhig für dieses Training! Doch falls Sie Zweifel haben, vertrauen Sie auf Ihr Bauchgefühl und suchen Sie nach einer anderen Trainingseinrichtung.

Tagestraining

Die Unterbringung in einer Hundetrainingseinrichtung eignet sich zwar nicht für die Behandlung von Trennungsangst, aber ein Tagestraining kann durchaus sinnvoll sein. Wenn Ihr Hund eher Angst vor dem Alleinsein hat als vor der Trennung von Ihnen, könnte ihm ein Desensibilisierungstraining, das von einer anderen Person durchgeführt wird, weiterhelfen.

Ich habe allerdings zwei große Vorbehalte dagegen. Erstens muss man die Übungen beim Trennungsangst-Training oft wiederholen. Sie müssten also sehr viele Sitzungen bei Ihrem Tagestrainer buchen, und das wird nicht billig sein.

Und zweitens: Selbst wenn Sie sich entschließen sollten, so viel Geld zu investieren, mag es zwar sein, dass Ihr Hund am Ende dieses Trainings keine Probleme damit hat, von seinem Trainer allein gelassen zu werden (weil der die Desensibilisierungsübungen mit ihm durchgeführt hat), er könnte aber nach wie vor ausflippen, wenn *Sie* ihn allein lassen.

Wenn Sie jemanden für dieses Training engagieren möchten, sollten Sie einen auf Trennungsangst spezialisierten Trainer wählen. Die meisten dieser Trainer arbeiten nicht für Hundetrainingseinrichtungen, sondern sind freiberuflich tätig, und sie bieten auch kein Tagestraining an.

Ich habe weder gegen Hundetrainingseinrichtungen noch gegen Tagestraining etwas, aber beide Alternativen sind für Hunde mit Trennungsangst wahrscheinlich nicht die beste Wahl. Falls Sie mit dem Gedanken spielen, einen Trainer zu engagieren, finden Sie in Anhang C ein paar Tipps, die Ihnen Ihre Entscheidung erleichtern können.

Zusammenfassung

- Beim Trennungsangst-Training geht es darum, Ihren Hund schrittweise mit Abwesenheiten zu konfrontieren, die er verkraften kann.
- Um Ihrem Hund seine Trennungsangst abtrainieren zu können, sollten Sie:
  - seine Angstschwelle kennen.
  - Ihr Training an das Tempo Ihres Hundes anpassen.
  - leichtere Übungen mit ihm durchführen, wenn er gerade Probleme hat, und den Schwierigkeitsgrad steigern, wenn er seine Sache gut macht.
  - Außerdem müssen Sie Ihren Hund nach Möglichkeit vor Abwesenheiten schützen, die er als beängstigend empfindet.

KAPITEL 5

Mit Trainingsrückschlägen umgehen

Rückschläge gehören zum Trennungsangst-Training dazu. Bei jedem Training gerät man irgendwann einmal ins Straucheln. Dieses Wissen wird den Rückschlag für Sie allerdings nicht leichter machen.

Egal wie rational Sie denken und wie oft Sie sich sagen, dass schon irgendwann wieder alles gut funktionieren wird – ein Rückschlag kann sich trotzdem sehr negativ auf Ihren Trainingseifer und Ihr Engagement auswirken.

Die beiden wichtigsten Arten von Rückschlägen, die Sie und Ihr Hund beim Trennungsangst-Training wahrscheinlich erleben werden, sind Rückschritte und Lernplateaus.

Rückschritte

Solche Phasen durchzumachen, ist etwas Furchtbares. Und sie kommen bei jedem Hund vor. Es ist nahezu unmöglich, dass ein Hund seine Trennungsangst ohne Rückschritte überwindet. Wenn sich an der Welt Ihres Hundes nichts verändert hat, wird er mit fast hundertprozentiger Sicherheit irgendwann wieder auf eine frühere Stufe zurückfallen.

Dann brauchen Sie einfach nur zu einer Abwesenheitsdauer zurückzukehren, die Ihr Hund verkraftet, und sein Training von diesem Punkt an wieder aufzubauen.

Die Chancen stehen gut, dass Ihr Hund schneller wieder zu der Stufe zurückkehrt, auf der er sich vor seinem Rückschritt befand, als er beim ersten Mal dafür gebraucht hat. Doch während des Stimmungstiefs, das Sie bei einem solchen Rückschritt überkommt, werden Sie wahrscheinlich denken: *Das war's. Es wird nie klappen.* Jedem Hundebesitzer, der schon mal einen solchen Rückschritt erlebt hat, ist dieser Gedanke durch den Kopf gegangen.

Eine gute Trainingssitzung wird Sie zwar nicht zu der Überzeugung bringen: *Ja, wir haben seine Trennungsangst besiegt*, aber eine schlechte Trainingssitzung kann viele Hundebesitzer dazu verleiten, das Handtuch zu werfen.

Lernplateaus

Von einem Lernplateau spricht man, wenn sich an der Zielzeit einfach nichts zu verändern scheint. Vielleicht wird sie in einer Trainingssitzung ein bisschen länger und nimmt in der nächsten Sitzung wieder ein bisschen ab, um sich dann wieder zu verlängern usw.

Das ist eigentlich nichts Dramatisches – man hat einfach nur das Gefühl, auf der Stelle zu treten. Doch auch hier gilt: Ebenso wie Rückschritte sind auch Lernplateaus etwas völlig Normales; sie werden zwangsläufig vorkommen.

Lernprozesse verlaufen niemals in einer geraden Linie. Trotzdem erwarten wir normalerweise, dass das Trennungsangst-Training unseres Hundes lineare Fortschritte macht.

Ich vergleiche das Trennungsangst-Training gern mit einem Leichtathletik-Training: Jedes Mal, wenn Ihr Hund eine neue Zielzeit erreicht, hat er einen neuen persönlichen Rekord aufgestellt. Nur leider erwarten wir von ihm, dass ihm das jeden Tag gelingt, und sind enttäuscht, wenn er es nicht schafft.

Von einem Hochspringer oder Kurzstreckenläufer würden wir ja schließlich auch nicht erwarten, dass er bei jedem Training einen neuen persönlichen Rekord aufstellt – denn nur weil er *keinen* Rekord aufstellt, bedeutet das noch lange nicht, dass er keine Fortschritte macht.

Wenn wir aufhören würden, ständig auf die Uhr zu schielen, wäre dieses ganze Training für uns und unsere Hunde viel stressfreier. Doch das ist leider leichter gesagt als getan.

Umgang mit Rückschlägen

Hier meine Checkliste für das richtige Verhalten bei einem Rückschlag:

1. Vergewissern Sie sich, ob Ihr Hund nicht womöglich in der Tagesstätte, beim Hundesitter oder bei Freunden und

Familienangehörigen etwas erlebt hat, wodurch seine Angstschwelle überschritten wurde.

2. Überprüfen Sie, ob Sie vielleicht zu viel oder zu wenig trainiert haben. Die optimale Trainingsdauer liegt bei ungefähr 50 Wiederholungen (etwa fünf Übungen) pro Woche.
3. Schauen Sie sich das Video Ihrer Trainingssitzungen noch einmal an (und vergessen Sie niemals, Ihr Training aufzuzeichnen!), um festzustellen, ob Ihr Hund dabei Anzeichen von Angst gezeigt hat, die Sie vielleicht übersehen haben.
4. Überlegen Sie, was in der Welt Ihres Hundes sonst noch vor sich geht. Hat sich an seinem Leben etwas verändert? Könnte außerhalb seines Zuhauses irgendetwas passiert sein? Hat er ein medizinisches Problem?
5. Gehen Sie die aufgezeichneten Daten noch einmal durch und prüfen Sie nach, ob sich daran irgendwelche Muster ablesen lassen.

Gehen Sie diese Checkliste immer wieder durch, um eventuell doch noch einen Grund für den Rückschlag zu finden, aber seien Sie sich trotzdem der Tatsache bewusst, dass bei Rückschlägen oft keine Ursache erkennbar ist.

Wenn Sie irgendetwas erkennen, können Sie es ändern. Wenn nicht, halten Sie sich einfach an die Regel, die Sie schon kennen: Orientieren Sie sich bei dem Training am Tempo Ihres Hundes und sorgen Sie dafür, dass er niemals seine Angstschwelle überschreitet.

Warum Rückschläge so frustrierend sind

Rational betrachtet, wissen Sie eigentlich genau, was Sie tun sollten: Sie brauchen in Ihrem Training nur ein paar Schritte zurückzugehen. Doch das empfinden Sie als unerträglich.

Stattdessen versuchen Sie es lieber noch einmal mit der gleichen Abwesenheitsdauer – und Ihr Hund schafft es wieder nicht.

Daraufhin machen Sie ein oder zwei Tage Pause und versuchen es noch einmal. Wieder das Gleiche – eine absolute Katastrophe.

Es fühlt sich an wie ein Leiterspiel, bei dem Sie auf eine Schlange getreten und wieder ganz nach unten gerutscht sind. Absolut frustrierend.

Ein Neuanfang fühlt sich niemals gut an, selbst wenn wir wissen, dass er genau das Richtige ist. Haben Sie schon mal den ganzen Tag an einem Dokument gearbeitet und dann festgestellt, dass Sie es nicht abgespeichert hatten?

Am liebsten würden Sie weinen, schreien oder den Computer aus dem Fenster werfen. Sie wissen, dass Sie Ihre Arbeit in einem Viertel der Zeit, die Sie ursprünglich dafür gebraucht hatten, wieder neu erstellen können, doch das verkraften Sie einfach nicht. Es liegt nicht in unserer Natur, irgendetwas noch einmal zu machen.

Aber denken Sie daran: Ein Rückschlag bedeutet nicht, dass Sie wieder ganz bei null anfangen müssen oder dass all Ihre Bemühungen vergeblich waren. Jedes Mal, wenn Sie es schaffen, die Wohnung zu verlassen, ohne dass Ihr Hund durchdreht, lernt er, dass Alleinsein ungefährlich für ihn ist.

Egal ob Sie fünf Sekunden oder fünf Stunden lang wegbleiben – Sie bieten Ihrem Hund damit einen weiteren

Datenpunkt, der ihm zeigt, dass Ihr Fortgehen für ihn nicht das Ende der Welt bedeutet.

Meine Trainingspläne enthalten viele kurze und lange Übungsschritte, sodass Sie selbst dann, wenn Ihr Hund die angestrebte Zielzeit nicht erreicht, gemeinsam mit ihm viele erfolgreiche Trainingseinheiten bewältigt haben. Ich empfehle meinen Klienten sogar, nicht nur die Abwesenheitsdauer zu messen, sondern auch die Anzahl der erfolgreichen Übungsschritte zu zählen, die ihr Hund während des Trainings geschafft hat.

Denn die Anzahl erfolgreicher Übungsschritte ist für den Trainingsfortschritt genauso wichtig wie die Steigerung der Abwesenheitsdauer.

Die meisten Menschen, deren Hunde ihre Trennungsangst überwunden haben, werden Ihnen sagen, dass es auch schlechte Tage gibt – aber dass dabei nicht alle zuvor erreichten Fortschritte verloren gehen.

Und wenn Sie auf Ihre Fortschritte zurückblicken, werden Sie sehen, dass es mehr gute als schlechte Tage gab. Außerdem werden Sie feststellen, dass die Fortschrittslinie nach oben zeigt.

An den Tagen, an denen Ihr Hund einen Rückschritt macht, kann es leicht passieren, dass sie die ganzen Fortschritte vergessen, die Sie mit ihm bisher schon erreicht haben. Deshalb sollten Sie Ihre Trainingssitzungen stets dokumentieren. Es ist erstaunlich, wie motivierend es sein kann zu sehen, wie weit Sie inzwischen schon gekommen sind.

Wenn Sie den nächsten Rückschlag erleiden, betrachten Sie ihn nicht als Hindernis, sondern eher als eine Umleitung mit Bodenwellen. Sie werden wieder auf den richtigen Weg kommen, aber vielleicht müssen Sie dazu erst mal einen kleinen Umweg machen – und wer weiß: Vielleicht, bietet diese Strecke interessantere landschaftliche Attraktionen.

Zusammenfassung

- Desensibilisierung ist die bewährteste Methode zur Behandlung von Trennungsangst.
- Aber natürlich muss man dieses Training richtig durchführen, sonst verliert man früher oder später die Motivation dazu, weil es nichts bringt. Hier die fünf wichtigsten Schlüssel zu einem erfolgreichen Training:
  - Halten Sie sich an einen Trainingsplan.
  - Trainieren Sie Ihren Hund in winzig kleinen Schritten.
  - Beobachten Sie seine Körpersprache mithilfe einer Kamera.
  - Wenn Ihr Hund gute Fortschritte macht, erhöhen Sie den Schwierigkeitsgrad.
  - Wenn Ihrem Hund alles zu viel zu werden scheint, gehen Sie wieder ein paar Schritte zurück.
- Halten Sie sich beim Training Ihres Hundes stets an diese Regeln!
- Sie werden dabei zwangsläufig Rückschritte erleben. Das ist völlig normal! Also geraten Sie deshalb nicht in Panik. Erinnern Sie sich einfach immer wieder an diese Regeln.

KAPITEL 6

Erfolgreiches Training

Nachdem wir uns überlegt haben, wie ein Trennungsangst-Training aussehen sollte, wollen wir uns nun der Frage zuwenden, was man tun muss, um damit Erfolg zu haben – und welche Fehler Sie unbedingt vermeiden sollten.

Trennungsangst-Training ist anstrengend

Es lässt sich nicht leugnen, dass Trennungsangst-Training ein hartes Stück Arbeit ist. Wahrscheinlich lohnt es sich schon, denn man kann damit etwas erreichen – aber es ist trotzdem eine Menge Arbeit.

Wie bei jedem kontinuierlichen Prozess, der zu schrittweisen Veränderungen führt (zum Beispiel eine Gewichtsabnahme oder das Training für Ihren ersten Fünf-Kilometer-Lauf), kann es schwierig sein, langfristig bei der Stange zu bleiben.

Aber noch viel schwerer ist es häufig, sich überhaupt zu diesem Training durchzuringen. Ich kann Ihnen gar nicht sagen, wie oft ich mit dem Trennungsangst-Training meines Hundes beginnen wollte, aber letzten Endes bin ich dann doch immer wieder davor zurückgeschreckt – oder genauer gesagt: Meine eigenen negativen Gedanken darüber haben mich davon abgehalten.

Aber schließlich fing ich doch damit an – und das hat tatsächlich zu einem Happy End geführt: Percy leidet jetzt nicht mehr unter Trennungsangst.

Hinterher behauptete ich zwar immer wieder, nicht zu wissen, warum ich nicht schon viel früher mit diesem Training angefangen habe. Doch in Wirklichkeit weiß ich, warum. Dabei stehen einem normalerweise fünf große Ausreden im Weg:

1. Es ist zu schwierig.
2. Man denkt: *Ich habe es ja schon öfters versucht, aber nichts hat funktioniert.*
3. Man glaubt, dazu müsse man Hundetrainer sein (oder einen Hundetrainer engagieren).
4. Man fühlt sich überfordert.
5. Man hat nach einer Möglichkeit gesucht, seinen Hund nicht allein zu lassen, aber das funktioniert einfach nicht.

Falls Ihnen eine dieser Ausreden bekannt vorkommen sollte, hinterfragen Sie sie. Lassen Sie sich dadurch nicht davon abhalten, Ihrem Hund über seine Trennungsangst hinwegzuhelfen.

Es ist zu schwierig

Das stimmt. Trennungsangst ist ein sehr kompliziertes Problem. Eigentlich handelt es sich dabei nicht nur um ein einziges Verhaltensproblem, sondern um eine Kombination aus verschiedenen Problemen. Man könnte Trennungsangst also als Syndrom bezeichnen.

Trotzdem ist sie heilbar. Die Erfolgsquote bei der Behandlung von Trennungsangst ist sogar sehr hoch – vor allem, wenn man sie mit den Erfolgsquoten bei der Behandlung anderer Verhaltensprobleme wie beispielsweise Aggression gegen Fremde vergleicht.

Aber Trennungsangst-Training ist sehr anstrengend. Vielleicht wird der Gedanke, dass es zu schwierig ist, Sie schon davor zurückschrecken lassen, noch bevor Sie überhaupt damit angefangen haben. Sie müssen in winzig kleinen Schritten vorgehen.

Orientieren Sie sich an dem Trainingsverfahren, das ich in Kapitel 4 beschrieben habe, und versuchen Sie Ihr Augenmerk dabei auf die kleinen Fortschritte Ihres Hundes zu legen und nicht auf das Endergebnis, das vorläufig noch in weiter Ferne zu liegen scheint und Ihnen vielleicht unerreichbar vorkommt.

Man denkt: Ich habe es ja schon öfters versucht, aber nichts hat funktioniert

Genauso oft, wie ich den Satz »Es ist schwierig« gehört habe, haben entmutigte Hundebesitzer mir auch entgegengehalten: »Ich habe es ja versucht, aber es ist leider immer noch nicht besser geworden!«

Wohlmeinende Menschen werden Ihnen – zu Unrecht – sagen, dass Sie nur eines tun müssen:

- Gehen Sie ein paarmal zur Tür hinaus. Nehmen Sie sich ein Wochenende Zeit, dann haben Sie es geschafft.
- Legen Sie ihm ein Anti-Bell-Halsband um.
- Verhätscheln Sie ihn nicht, sondern ignorieren Sie ihn.
- Zeigen Sie ihm, wer der Chef ist.
- Bestrafen Sie ihn für das Zerkratzen des Türrahmens.

Ich bin sicher, dass die meisten Besitzer von Hunden mit Trennungsangst schon mal einen dieser Ratschläge ausprobiert haben, doch nichts hat geholfen. Einige dieser Maßnahmen werden einfach nichts bewirken, andere werden die Situation sogar noch verschlimmern. Mit diesen Methoden können Sie also keine Fortschritte erzielen. Bevor Sie nun endgültig das Handtuch werfen, hören Sie auf, Dinge auszuprobieren, die nicht wirken. Wenden Sie lieber das in diesem Buch beschriebene schrittweise Expositionstraining an. Das ist die einzige Methode, die nachweislich gegen Trennungsangst hilft.

Fallbeispiel

Trish, Kevin und Iris

Wenn das Training noch ein bisschen optimiert werden muss

Als Trish zum ersten Mal an einem meiner kostenlosen Programme teilnahm, arbeitete sie mit einer hervorragenden Trainerin zusammen. Diese Frau versuchte ein paar der Probleme zu beheben, mit denen Trishs Hündin Iris zu kämpfen hatte – unter anderem ihre Trennungsangst.

Die Trainerin hatte bei Iris bereits ganz gute Vorarbeit geleistet, aber die Hündin machte nur sehr langsam Fortschritte, und Trish hatte das Gefühl, dass es besser wäre, es mit einer anderen Methode zu versuchen. Daher wandte sie sich an mich, weil ich mich im Umgang mit Trennungsangst auskenne. Außerdem sehnte Trish sich nach einer Gemeinschaft von Menschen, die mit ähnlichen Problemen zu kämpfen hatten, und nach der Unterstützung, die man nur unter Leidensgenossen findet, die die gleichen Erfahrungen gemacht haben wie man selbst.

Trish und ihr Mann Kevin machten ihre Sache hervorragend. Sie befolgten meine Ratschläge sehr genau. Zum Beispiel empfahl ich ihnen, Iris aus ihrer Box zu holen, bevor sie das Haus verließen (denn in der Box kam sie sehr viel schlechter zurecht), sie immer nur für kurze Zeit allein zu lassen und langsam an stressfreie Abwesenheiten zu gewöhnen.

Beide beteiligten sich intensiv an dem Training und rivalisierten auf freundschaftliche Art miteinander darüber, wer es wohl schaffen würde, Iris am längsten ohne Probleme allein zu lassen. Kevin erreichte als Erster eine Zielzeit von einer Stunde – sehr zum Ärger von Trish (die sich aber natürlich trotzdem darüber freute, dass ihre Hündin es nun endlich schaffte, 60 Minuten lang allein zu bleiben). Ich fand es sehr nett von den beiden, dass sie mich regelmäßig darüber auf dem Laufenden hielten, wer von ihnen im Hinblick auf Iris' längstes stressfreies Alleinbleiben gerade an der Spitze lag.

In der Zwischenzeit arbeiteten die beiden mit ihrer anderen Trainerin weiter an Iris' allgemeinem Angstproblem, und ich freue mich, berichten zu können, dass das »Team Iris« weiterhin in jeder Hinsicht großartige Fortschritte macht.

Man glaubt, dazu müsse man Hundetrainer sein (oder einen Hundetrainer engagieren)

Um ganz ehrlich zu sein: Sie können es auch ohne Trainer schaffen. Es wird Ihnen zwar leichter fallen, wenn Sie einen Trainer engagieren, aber Sie können Ihren Hund auch ohne professionelle Hilfe von seiner Trennungsangst befreien.

Allerdings brauchen Sie dafür ein System. Sie benötigen genaue Informationen und Praxistipps, um die richtigen Maßnahmen ergreifen zu können. Das Problem ist nur, dass die Ratschläge, die man in den meisten Büchern oder im Internet zum Thema Trennungsangst findet, entweder falsch sind oder den Hundehalter überfordern.

Wenn Sie einen Trainer engagieren, können Sie sich all diese Probleme ersparen. Falls Sie es ohne Trainer versuchen möchten, müssen Sie allerdings wissen, wo Sie die richtigen Ratschläge und Informationen erhalten. Ich hoffe, dass dieses Buch Ihnen dabei helfen wird.

Man fühlt sich überfordert

So viele von uns leiden unter dem »großen Ü«. Überfordert zu sein, ist inzwischen schon zu einer wahren Epidemie geworden und raubt uns unsere ganze Energie. Dieses Gefühl der Überforderung führt dazu, dass wir uns mit Dingen beschäftigen, die uns ablenken. Kommt Ihnen eines der unten beschriebenen Szenarien bekannt vor?

- Sie fühlen sich bei dem Gedanken, mit dem Trennungsangst-Training zu beginnen, überfordert, also recherchieren Sie noch ein bisschen mehr im Internet und lesen noch weitere Blogs darüber.

- Sie haben mit dem Training begonnen, fühlen sich diesen Anforderungen jedoch nicht gewachsen, also schauen Sie sich ein paar YouTube-Videos über Trennungsangst an.

Aber Sie brauchen nicht noch mehr Informationen. Sie brauchen weniger – und *bessere.*

Man hat nach einer Möglichkeit gesucht, seinen Hund nicht allein zu lassen, aber das funktioniert einfach nicht

Wenn Sie die Trennungsangst Ihres Hundes überwinden wollen, müssen Sie dieses Problem in den Griff bekommen.

Ich weiß, dass Sie eine Lösung dafür finden können, weil ich das bei den Hundebesitzern, die ich berate, immer wieder erlebe. Außerdem habe ich das alles ja auch schon mit Percy durchgemacht – und wie so viele verzweifelte Hundebesitzer gesagt: »Ich habe ja kein Problem damit, dieses Training mit ihm durchzuführen – aber ihn niemals allein lassen? Das ist doch absoluter Wahnsinn!«

Zwei Dinge haben meine Einstellung zu diesem Thema für immer verändert:

1. Als ich erfuhr, dass mein Hund jedes Mal, wenn ich ihn allein ließ, eine Panikattacke bekam, brachte ich es einfach nicht mehr länger übers Herz, ihn allein zu lassen.
2. Als ich aufhörte, ihn allein zu lassen, veränderte sich alles. Schon bald ging es ihm besser, und wir kamen mit unserem Training schneller voran.

Wir alle denken zunächst, dass wir unmöglich einen Weg finden können, unseren Hund nicht mehr allein zu lassen. Aber sobald einem Hundebesitzer klar wird, dass es keine andere Möglichkeit gibt, schafft er es doch irgendwie. Es ist nun einmal so: Wenn Sie Ihrem Hund über seine Angst hinweghelfen wollen, dürfen Sie ihn nicht mehr allein zu Hause lassen.

Natürlich ist das schwierig, aber das bedeutet noch lange nicht, dass es nicht der richtige Weg ist.

Fallbeispiel

Jen und Ashby

Ein Hund mit mehreren Problemen

Jen hat wirklich hervorragende Arbeit geleistet: Es ist ihr gelungen, ihren liebenswerten Beagle Ashby aus einem nervösen Tierheimhund in einen glücklichen, ausgeglichenen, selbstbewussten Vierbeiner zu verwandeln. Ihn ans Alleinsein zu gewöhnen, war eine große Herausforderung für Jen, denn Ashby hatte nicht nur Angst vor dem Alleinsein, sondern fühlte sich auch in Gesellschaft anderer Menschen und Hunde nicht besonders wohl.

Als Jen Ashby kennenlernte, machte das Tierheim sie darauf aufmerksam, dass er verschiedene Probleme hatte, doch das ganze Ausmaß seiner Schwierigkeiten wurde ihr erst klar, als sie Ashby zu sich nach Hause holte.

Ashby war misstrauisch gegenüber Menschen, die er nicht kannte, und das selbst dann, wenn er sich ein bisschen mit ihnen angefreundet hatte. Mit den meisten Hunden kam er gut zurecht, doch manche machten ihn nervös. Auch mit Geräuschen von draußen hatte er hin und wieder Probleme.

Besonders entsetzt war Jen jedoch über seine starke Trennungsangst.

Zusätzlich zu seinen Ängsten litt Ashby bei Stress auch noch unter Magenproblemen – beängstigende Erlebnisse konnten bei ihm Erbrechen und Durchfall auslösen. Es war also sehr wichtig, Ashby stets unterhalb seiner Angstschwelle zu halten.

Die erste große Herausforderung war die Lösung des Abwesenheitsproblems. Das ist schon bei »normalen« Hunden schwierig genug, doch wenn ein Hund den Aufenthalt in einer Tagesstätte oder die Gegenwart eines Hundesitters als stressig empfindet, wird die Situation noch viel problematischer.

Glücklicherweise fand Jen eine Hundetagesstätte, die bereit war, auf Ashbys Bedürfnisse einzugehen.

Nachdem das Abwesenheitsproblem gelöst war, begann Jen mit dem Trennungsangst-Training. Sie machte dabei große Fortschritte: Ashby schaffte es stets, mindestens eine Stunde allein zu bleiben. Doch sein Misstrauen gegenüber fremden Menschen und Hunden wurde immer größer.

Jetzt hatte Jen es also mit einem Hund zu tun, den man nicht allein lassen konnte *und* der sämtliche Betreuungsmöglichkeiten als Stress empfand. Hinzu kam, dass er auch im Hundepark allmählich immer mehr Angst zeigte. Seine Lieblingsbeschäftigung, die ihm eigentlich großen Spaß machte und ihm Anregung und Abwechslung bot, begann zum Stress für ihn zu werden.

So schienen Ashbys Probleme sich immer mehr zu verschlimmern, und Jen war mit ihrem Latein am Ende. Doch als engagierte, entschlossene Hundehalterin holte sie sich Hilfe. Zusätzlich zu dem Trennungsangst-Training mit mir arbeitete sie auch noch mit anderen Trainern zusammen, die ihr bei Ashbys Problemen mit Menschen und Hunden helfen sollten.

Dieses zusätzliche Training war nicht einfach. Erstens kostete es viel Zeit, und zweitens umfasst die Trainingsmethode, mit der man Hunden Dinge schmackhaft zu machen versucht, vor denen sie Angst haben, Futterbelohnungen wie Hot Dogs oder Käse. Ashbys empfindlicher Magen konnte aber nur eine begrenzte Anzahl von Nahrungsmitteln vertragen. Jen blieb also nichts anderes übrig, als ihn mit seinem Trockenfutter zu trainieren.

Genau wie das Trennungsangst-Training ging sie auch seine anderen Probleme langsam und schrittweise an. Und durch wiederholtes Training gelang es ihr mit der Zeit tatsächlich, Ashby mehr Vertrauen zu fremden Menschen und Hunden einzuflößen.

In der Zwischenzeit setzte sie auch Ashbys Trennungsangst-Training fort, und zum Zeitpunkt der Entstehung dieses Buches konnte er bereits problemlos eine Abwesenheitsdauer von zweieinhalb Stunden verkraften.

Das Abwesenheitsmanagement ist für keinen Hundebesitzer einfach. Aber Jens Beispiel zeigt, dass man mit Entschlossenheit und Engagement auch diese Hürde überwinden kann – selbst dann, wenn die Betreuungsmöglichkeiten begrenzt sind.

Welche Rolle spielen Medikamente gegen Angstzustände?

Manchen wissenschaftlichen Untersuchungen zufolge können Medikamente gegen Angstzustände die Chancen eines Hundes, seine Trennungsangst zu überwinden, fast verdoppeln.

Angstmedikamente – in Kombination mit Verhaltenstherapie – verbessern alle Arten von Verhaltensproblemen bei Hunden und können sogar Leben retten. (Nach Angaben der *American Veterinary Society of Animal Behavior* ist Einschläfern die häufigste Todesursache bei Hunden unter drei Jahren in den USA.)

Außerdem verbessern sie die Lebensqualität von Hunden mit Angstproblemen und senken das Risiko, dass diese Tiere ausgesetzt werden. Und nicht nur das: Sie verringern auch das Risiko physiologischer Schäden, die durch toxischen Stress entstehen können.

Wenn es Ihnen genauso geht wie mir früher, haben Sie vielleicht ein großes Aber dagegen, Ihrem Hund Psychopharmaka zu verabreichen. Meine persönlichen Erfahrungen haben mich jedoch von meiner Skepsis geheilt und zu einer großen Befürworterin von Angstmedikamenten für Hunde gemacht.

Wenn Sie einer medikamentösen Behandlung Ihres ängstlichen Hundes skeptisch gegenüberstehen, würde ich Sie gern vom Gegenteil überzeugen – aber ich weiß, dass es nichts an Ihrer Meinung ändern wird, wenn ich Sie mit Fakten bombardiere.

Stattdessen will ich Ihnen erklären, warum ich meine Einstellung zum Thema Angstmedikamente geändert habe. Vielleicht kann ich Sie damit überzeugen.

»Keine Psychopharmaka – weder für mich noch für meinen Hund!«

Anfangs behandelten wir Percys Trennungsangst nur mit Training und kamen damit auch ganz gut zurecht. Es lief zwar alles sehr langsam und zähflüssig, aber wir machten wenigstens Fortschritte. Allerdings war dieses Training nie so erfolgreich, wie ich gehofft hatte.

Bei jedem Besuch drängte mein Tierarzt mich, es doch einmal mit Angstmedikamenten zu versuchen, doch das lehnte ich stets kategorisch ab. »Keine Psychopharmaka – weder für mich noch für meinen Hund!«, sagte ich immer. Dass die Ergebnisse medizinischer Untersuchungen dafür sprachen, dass es Percy mit diesen Medikamenten besser gehen würde, kümmerte mich nicht.

Doch dann geriet unser Training in eine Sackgasse, und seine Fortschritte verlangsamten sich. Diese Rückschläge frustrierten mich so sehr, dass mir die Tränen kamen und ich beschloss, es nun doch mit Angstmedikamenten zu versuchen. Das schien unser letzter Ausweg zu sein.

Und was dann geschah, erschien mir wie ein Wunder: Die Medikamente heilten Percy zwar nicht von seiner Trennungsangst, doch dadurch kamen wir mit unserem Training schneller voran. Es war ein echter Wendepunkt in der Behandlung seines Problems.

Warum habe ich trotz der wissenschaftlichen Beweise, die für den Einsatz von Angstmedikamenten sprechen, so lange gezögert, es damit zu versuchen? Nun ja, jedes Mal, wenn ich darüber nachdachte, meldete sich eine negative Stimme in meinem Kopf zu Wort und erinnerte mich an folgende »Tatsachen«:

1. »Die Vorstellung, dass eine kleine Pille alle Probleme lösen kann, ist ein Symptom für den Niedergang unserer Gesellschaft.«
2. »Aber was ist mit den furchtbaren Nebenwirkungen?«
3. »Sie werden einen Zombie-Hund aus ihm machen.«
4. »Sollten wir es nicht lieber erst mal mit natürlicheren Methoden versuchen?«
5. »Gute Hundebesitzer verabreichen ihren Tieren keine Medikamente, sondern trainieren sie.«

»Die Vorstellung, dass eine kleine Pille alle Probleme lösen kann, ist ein Symptom für den Niedergang unserer Gesellschaft«

Ich habe den Eindruck, dass die Einnahme von Medikamenten gegen Angstzustände bei Menschen mit einem großen kulturellen Stigma behaftet ist. Wie Mark Brown in einem Artikel im *Guardian* erklärt, ist diese negative Einstellung ein typisches Symptom für einen allgemeinen Wandel in der öffentlichen Meinung, der gegen Ende des 20. Jahrhunderts einsetzte:

> In der Vorstellung der Menschen vermischen sich verschiedene Elemente miteinander: halberinnerte Geschichten von Beruhigungsmitteln für Frauen, die mit ihrem Familienleben unzufrieden waren; Skandale um süchtig machende Schlaftabletten; Spätvorführungen des Films »Einer flog über das Kuckucksnest« und das allgemeine Gefühl, dass mit der Einnahme von Tabletten, die die Vorgänge in unserem Gehirn beeinflussen sollen, irgendetwas nicht stimmt.

Doch wir stigmatisieren die Einnahme von Medikamenten gegen Angstzustände nicht nur bei Menschen, sondern lehnen solche Psychopharmaka auch kategorisch ab, wenn es um unsere Hunde geht. Und das, obwohl Trainer und Tierärzte bestätigen, dass Hunde besser auf eine Verhaltenstherapie ansprechen, wenn man ihnen zusätzlich Angstmedikamente gibt.

Genau so habe ich früher auch reagiert. Ich kümmerte mich nicht um die wissenschaftliche Beweislage. Wie viele Hundebesitzer war ich der Meinung, dass Angstmedikamente für Hunde nicht das Richtige sind. Und ich weigerte mich so lange, meine Meinung zu ändern, bis ich alle anderen Möglichkeiten ausgeschöpft hatte.

»Aber was ist mit den furchtbaren Nebenwirkungen?«

Die Nebenwirkungen von Medikamenten gegen Angstzustände sind bekannt. Diese Medikamente gibt es schon seit 30 Jahren, und Tierärzte haben sie bereits bei Abertausenden von Hunden eingesetzt. In den meisten Fällen sind ihre unerwünschten Nebenwirkungen nur leicht ausgeprägt. Schwere Nebenwirkungen treten selten auf.

Trotzdem macht man sich Sorgen. Ich zum Beispiel war überzeugt davon, dass es meinem Hund nach der Einnahme solcher Medikamente sehr schlecht gehen würde und wir wahrscheinlich nie etwas davon erfahren. Außerdem erzählen einem alle möglichen Leute wahre Schauergeschichten über seltene Nebenwirkungen von Arzneimitteln.

Als ich anfing, meinem Hund Fluoxetin zu geben, achtete ich sehr genau auf etwaige unerwünschte Nebenwirkungen. Ich führte ein Tagebuch, in dem ich alle Veränderungen dokumentierte, und diskutierte bei unseren regelmäßigen Tierarztbesuchen immer wieder über die richtige Dosierung.

Doch die einzigen Veränderungen, die ich beobachtete, waren positiv. Das bedeutet nicht, dass bei Ihrem Hund in den ersten Behandlungswochen keine unerwünschten Nebenwirkungen auftreten werden, doch so etwas passiert keineswegs immer. Ihr Tierarzt ist dazu da, Ihrem Hund diese Therapie so angenehm wie möglich zu machen.

Und wenn wir schon einmal beim Thema Nebenwirkungen sind – welche Nebenwirkungen würde es wohl verursachen, wenn Sie jeden Tag eine Panikattacke erleiden? Denn so sieht das tägliche Leben eines Hundes mit Trennungsangst aus. Auch dieses Ausmaß an toxischem Stress wirkt sich negativ auf die Gesundheit aus und überwiegt die möglichen Nebenwirkungen von Medikamenten meiner Meinung nach bei Weitem.

»Sie werden einen Zombie-Hund aus ihm machen«

Oft hört man, dass ein Hund sich durch Angstmedikamente so sehr verändert, dass man ihn nicht mehr wiedererkennt.

Doch wenn man ihm diese Medikamente in der richtigen Dosis verabreicht, haben sie weder eine sedierende Wirkung, noch führen sie zu Verhaltensänderungen. Die meisten Hundebesitzer und Tierärzte können das bestätigen.

Anfangs befürchtete ich tatsächlich, Percy würde durch diese Medikamente seine Persönlichkeit und seine Begeisterungsfähigkeit verlieren. Ich bildete mir ein, dass ich am Ende einen apathischen, lobotomisierten, zombieähnlichen Hund haben würde. Doch was ich bekam, war genau derselbe Hund – nur mit dem Unterschied, dass es ihm jetzt viel besser ging. Sollte Ihr Hund sich tatsächlich zum Nachteil verändern, liegt das daran, dass entweder die Dosis oder das Medikament für ihn nicht geeignet ist. Dann müssen Sie in Zusammenarbeit mit Ihrem Tierarzt das richtige Medikament in der richtigen Dosierung für Ihren Hund finden.

»Sollten wir es nicht lieber erst mal mit natürlicheren Methoden versuchen?«

Ich ernähre mich vorwiegend pflanzlich und bevorzuge natürliche Lebensmittel. Außerdem versuche ich meinen Hunden Futter zu geben, das aussieht wie … na ja, Futter. Stark verarbeitetes Hundefutter kommt mir nicht ins Haus.

Doch obwohl ich dafür bin, nach Möglichkeit natürliches Futter zu verwenden, gebe ich meinen Hunden Tierarzneimittel. Warum? Weil es keine Beweise dafür gibt, dass natürliche Behandlungsmethoden besser sind. Außerdem ist »natürlich« nicht gleichbedeutend mit »frei von chemischen Inhaltsstoffen«, und es kann durchaus sein, dass solche Mittel nicht wissenschaftlich untersucht oder ihre Wirkungen nicht erwiesen sind.

Ich wünsche mir für meinen Hund ein Präparat, dessen Wirkung durch wissenschaftliche Untersuchungen bestätigt ist, das strengen gesetzlichen Bestimmungen unterliegt und nachweislich möglichst wenige Nebenwirkungen verursacht – also ein verschreibungspflichtiges Medikament.

Trotzdem weigerte ich mich, meinem Hund ein rezeptpflichtiges Mittel gegen seine Trennungsangst zu verabreichen. Nachdem ich die Einschätzung meines Tierarztes akzeptiert hatte, dass chemische Präparate helfen können, begann ich meinem Hund ein natürliches Mittel gegen seine Angstzustände zu geben.

Doch dieses Mittel sah alles andere als natürlich aus. Es waren Pillen in einer nicht-recycelbaren Blisterpackung, und es war auch nicht billig. Aber Percy gegen seine Ängste ein »richtiges« Medikament zu geben, wagte ich damals noch nicht.

Und das Ergebnis? Ich habe viel Geld für ein chemisches Präparat ausgegeben, das meinem Hund nicht half. Ich habe viel Zeit und eine Menge Emotionen investiert und jeden Tag gehofft, dass Percys Zustand sich bessern würde. Doch das war leider nicht der Fall.

»Gute Hundebesitzer verabreichen ihren Tieren keine Medikamente, sondern trainieren sie«

Leider lassen viele Trainer kein gutes Haar an Hundebesitzern, die ihren Tieren Medikamente verabreichen. Und empörenderweise sind das oft dieselben Hundetrainer, die Stachel- oder Schockhalsbänder befürworten, Hunde gewaltsam auf den Rücken drehen, um sie zu »unterwerfen«, oder andere schmerzhafte und verängstigende Trainingsmethoden einsetzen.

Ich finde diese Situation geradezu absurd: Aversive Trainer fördern ängstliches Verhalten durch den Einsatz von Hilfsmitteln, die Hunde noch ängstlicher machen, als sie es ohnehin schon sind. Und Angst verursacht dauerhafte Schäden in der Neurochemie eines Hundes.

Positive Trainer bekämpfen Angst mit Gegenkonditionierung und Medikamenten.

Ich würde mich lieber von aversiven Trainern dafür an den Pranger stellen lassen, dass ich die wissenschaftlichen

Erkenntnisse berücksichtige, die der Verhaltensänderung von Tieren zugrunde liegen, als Ihnen zu empfehlen, dass Sie Ihrem Hund Angst einjagen oder Schmerzen zufügen sollen. Mit Medikamenten haben Sie eine viel bessere Chance, seine Trennungsangst zu überwinden. Das ist alles. Es geht hier nicht um die Frage »Training oder Medikamente?« – man braucht beides. Ich behaupte, dass der Einsatz von Medikamenten Sie zu einem besseren Hundehalter macht, weil Sie damit bessere Chancen haben, sein Problem zu überwinden.

Inzwischen bin ich so weit, dass ich versuche, mir keine Vorwürfe zu machen. Es hat keinen Sinn zu denken: *Warum habe ich meinem ängstlichen Hund nicht schon viel früher Medikamente gegeben?*, denn ich kann die Uhr nun mal nicht mehr zurückdrehen. Aber ich frage mich, ob das nicht vielleicht doch die humanere Lösung gewesen wäre.

Und ich vermute, dass auch Percy sich für die Einnahme von Medikamenten entschieden hätte, wenn er eine Stimme gehabt hätte, denn mit Angstmedikamenten schien das Leben für ihn viel stressfreier zu sein. Ich bin sicher, dass er Ja dazu gesagt hätte!

Wenn Sie eine medikamentöse Behandlung in Erwägung ziehen, sollten Sie dies nicht als letzten Ausweg betrachten, sondern als Möglichkeit, Ihren Trainingserfolg von vornherein zu beschleunigen.

Welche Fragen sollte ein Hundehalter sich zum Thema »Angstmedikamente« stellen?

Nun, da Sie ein bisschen mehr über meine Erfahrungen mit Angstmedikamenten und darüber wissen, welche Wirkung sie bei Percy gehabt haben, wollen wir uns überlegen, welche Fragen Sie sich stellen sollten, bevor Sie beschließen, Ihrem Hund Medikamente zu geben. Denn das ist für Hundebesitzer eine sehr wichtige Entscheidung.

Wenn ich diese Entscheidung – mit allem, was ich jetzt weiß – noch einmal treffen müsste, würde ich mir dazu folgende Fragen stellen:

- Bin ich bereit, das Trennungsangst-Training mit meinem Hund durchzuführen?
- Komme ich mit den Konsequenzen klar, falls das Medikament keine Wirkung zeigt?
- Bin ich bereit, durchzuhalten?
- Kann ich mit den negativen Werturteilen meiner Mitmenschen umgehen?
- Bin ich bereit und in der Lage, die Kosten dafür zu tragen?
- Habe ich mich genau genug informiert, um meine Bedenken zu zerstreuen?

Bin ich bereit, das Trennungsangst-Training mit meinem Hund durchzuführen?

Falls Sie sich dafür entscheiden sollten, die Trennungsangst Ihres Hundes medikamentös zu behandeln, werden Sie die besten Ergebnisse erzielen, wenn Sie zusätzlich auch noch

Zeit in sein Training investieren. Denn Medikamente sind zwar ein Teil der Lösung, aber eben leider nicht die *ganze* Lösung. Es gibt jedoch Fälle, in denen eine medikamentöse Behandlung ohne Training durchaus eine akzeptable Alternative darstellt. Falls Ihr Hund gut auf kurz wirksame Angstmedikamente anspricht, können Sie diese Mittel einsetzen, wenn Sie einmal dringend wegmüssen, aber niemanden finden, der während Ihrer Abwesenheit bei ihm bleibt. Diese Angstmedikamente können verhindern, dass er seine Angstschwelle überschreitet, auch wenn er ungefähr eine Stunde lang allein bleiben muss.

An dieser Stelle ist jedoch ein Wort der Warnung angebracht: Testen Sie das Medikament immer zuerst, um festzustellen, ob es auch wirklich die gewünschte Wirkung hat. Manche Hunde werden trotz Medikation sehr unruhig, wenn man sie allein lässt. Deshalb sollten Sie Ihren Hund per Video überwachen und darauf vorbereitet sein, jederzeit wiederzukommen, wenn das Medikament nicht wirkt!

Komme ich mit den Konsequenzen klar, falls das Medikament keine Wirkung zeigt?

Mit anderen Worten: Was ist, wenn das Medikament nicht wirkt? Vielen Hunden wird ein Angstmedikament auf jeden Fall helfen – aber eben nicht allen.

Der Gedanke, dass Medikamente eine Garantie für die Bekämpfung der Ängste eines Hundes darstellen, kann zu Enttäuschungen führen, wenn diese Mittel nicht die erhoffte Wirkung zeigen. Wenn sich also herausstellen sollte, dass Ihr Hund auf solche Medikamente nicht anspricht – können Sie dann damit leben?

Bin ich bereit, durchzuhalten?

Bei manchen Hunden bessert sich das Problem durch Angstmedikamente überhaupt nicht. Und bei vielen Hunden bringt das erste Medikament oder die erste Dosis nicht den gewünschten Erfolg.

Dann wird Ihr Tierarzt Ihnen vielleicht empfehlen, verschiedene Dosierungen eines bestimmten Medikaments auszuprobieren. Oder er verschreibt Ihnen verschiedene Medikamenten-Kombinationen. Auf jeden Fall werden Sie Geduld brauchen. Einen Hund auf ein neues Angstmedikament einzustellen, kann Wochen dauern. Das Gleiche gilt für das Absetzen eines Medikaments, das er gerade einnimmt.

Natürlich könnten Sie auch Glück haben. Bei manchen Hunden findet man gleich auf Anhieb das richtige Medikament und die richtige Dosis, doch bei anderen gelingt das leider nur durch Versuch und Irrtum.

Woran liegt das?

Wir wissen, dass diese Medikamente wirken, aber die wissenschaftlichen Untersuchungen darüber, wie und warum sie wirken, sind noch nicht abgeschlossen. Daher ist es nicht einfach, gleich beim ersten Mal das richtige Medikament in der richtigen Dosierung gegen das Problem zu finden. Ihr Tierarzt weiß das und wird daher gemeinsam mit Ihnen verschiedene Medikamenten-Kombinationen ausprobieren.

Kann ich mit den negativen Werturteilen meiner Mitmenschen umgehen?

Wenn andere Menschen Sie verurteilen, weil Sie Ihrem Hund Medikamente geben, sollte Sie das nicht überraschen. Versuchen Sie, sich nicht darüber aufzuregen!

Denken Sie daran, dass Ihre Mitmenschen nicht in Ihrer Haut stecken. Sie treffen eine Entscheidung, um Ihrem Hund zu helfen. Sie versuchen seine Lebensqualität zu verbessern. Lassen Sie sich von niemandem dafür verurteilen, dass Sie Ihr Bestes für Ihren Hund tun.

Bin ich bereit und in der Lage, die Kosten dafür zu tragen?

Verschreibungspflichtige Medikamente gegen Angstzustände sind nicht immer billig – aber normalerweise viel billiger als die »Heilmittel« gegen Trennungsangst, die im Internet angeboten werden.

Und sie sind auch billiger, als kaputte Türen zu ersetzen oder einen Hund zum Tierarzt zu bringen, weil er sich eine Kralle abgerissen hat. Also betrachten Sie die Kosten für seine Medikamente aus dieser Perspektive.

Manche Hunde müssen solche Angstmedikamente über längere Zeit einnehmen, andere nicht. Es kommt auf den Hund an.

Habe ich mich genau genug informiert, um meine Bedenken zu zerstreuen?

Letztendlich sind Sie derjenige, der diese Entscheidung trifft und sie rechtfertigen muss, falls Ihnen deshalb jemand Vorhaltungen machen sollte. Wie gut sind Sie also informiert?

Falls Sie sich wegen möglicher unerwünschter Nebenwirkungen Sorgen machen: Haben Sie gründlich genug recherchiert, und sind Ihre Fragen dadurch beantwortet worden, sodass Sie gut mit Ihrer Entscheidung leben können?

Es gibt viele sehr gute, fundierte Informationen. Je gründlicher Sie recherchieren, umso besser werden Sie sich auskennen, und dann werden Sie auch hundertprozentig hinter Ihrer Entscheidung stehen können.

Verwenden Sie für Ihre Recherchen Google Scholar. Es gibt so viele Fehlinformationen und Panikmache im Internet – und Sensationshascherei ist wirklich das Allerletzte, was Sie jetzt brauchen. Sie brauchen solide Fakten. Dafür ist Google Scholar genau die richtige Adresse.

Was unerwünschte Nebenwirkungen angeht, so nehmen Hunde und Menschen diese Medikamente schon seit Jahren ein. Gravierende Nebenwirkungen treten dabei nur selten auf, und meiner Meinung nach ist Mundtrockenheit kein so großes medizinisches Problem wie eine eingerissene Kralle oder die Angst, die Ihr Hund empfindet, wenn er während Ihrer Abwesenheit acht Stunden lang ununterbrochen bellt.

Es ist eine Frage des Wohlbefindens. Ich möchte, dass meine Hunde eine gute Lebensqualität haben und möglichst lange leben. Deshalb entscheide ich mich für Medikamente, die sicher, gut untersucht und nachweislich wirksam sind.

Was Sie sich nicht fragen sollten

Zum Schluss noch eine Frage, die Sie sich nicht stellen sollten: »Habe ich auch wirklich alle anderen Möglichkeiten ausgeschöpft?«

Oft höre ich Hundebesitzer sagen: »Ich habe meinen Hunden Medikamente gegeben, weil das der letzte Ausweg war.« Medikamente gegen Trennungsangst sollten nicht eine unserer letzten Behandlungsmöglichkeiten sein, sondern eine unserer ersten.

Aber viele Hundebesitzer (zu denen früher auch ich gehörte) probieren lieber erst mal sogenannte natürliche Heilmittel aus.

Dabei lässt man sich leicht von der Werbung verführen, außerdem scheinen solche Mittel nur Vorteile zu bieten. Kein Wunder, dass wir es lieber zuerst damit versuchen.

Aber denken Sie daran, dass alles, was die Chemie oder Biologie eines Lebewesens verändert, Nebenwirkungen hat. Anders ausgedrückt: Wenn ein Mittel keine Nebenwirkungen hat, wirkt es auch nicht. Also lassen Sie sich nicht von Heilmitteln täuschen, deren Hersteller behaupten, dass sie die Abläufe im Gehirn Ihres Hundes ohne Nebenwirkungen verändern können.

Leider gibt es viel zu viele solcher Mittel. Doch im Vergleich zu Medikamenten gegen Angstzustände gilt für die komplementären oder Naturheilmittel:

- dass sie nicht so gründlich untersucht sind,
- dass ihre Wirkung nicht so genau nachgewiesen ist,
- dass sie teurer sein können und
- dass sie oft viel aggressiver beworben werden und wir sie deshalb automatisch für die bessere Wahl halten.

Ich bin auch skeptisch gegenüber Herstellern von Naturheilmitteln, die sich als ethische Kleinunternehmen ausgeben (und damit vermeintlich in krassem Gegensatz zur großen Pharmaindustrie stehen), aber in Wirklichkeit zu größeren, weniger ethisch ausgerichteten Konzernen gehören. CBD-Öl ist ein sehr gutes Beispiel für solche Praktiken: Einige scheinbar unabhängige Unternehmen, die CBD-Öl herstellen und/oder vertreiben, befinden sich im Besitz von Tabak- und Getränkeherstellern. (Mehr über CBD-Öl erfahren Sie in Anhang D.)

Wenn wir all diese verschiedenen Mittel ausprobieren, leidet darunter nicht nur unser Bankkonto, sondern wir verzögern auch die Behandlung, die unserem Hund am ehesten helfen würde.

Egal ob Sie sich am Ende für oder gegen eine medikamentöse Behandlung Ihres Hundes entscheiden: Machen Sie Ihre Hausaufgaben und stellen Sie sich die richtigen Fragen. Dann können Sie sicher sein, eine möglichst fundierte Entscheidung zu treffen.

Welche Rolle spielt geistige Anregung und Abwechslung?

Bei der Arbeit mit einem ängstlichen Hund geht es nicht nur um die Bekämpfung der Ursachen seiner Angst. Je interessanter und abwechslungsreicher das Leben eines Hundes ist, umso besser wirkt das Anti-Angst-Training.

Wenn wir einen Hund bei uns zu Hause aufnehmen, schützen wir ihn vor Hunger, Krankheiten und Raubtieren. Wir behandeln ihn liebevoll und achten auf seine Sicherheit.

Doch gleichzeitig halten wir unsere Hunde mit unserer Liebe auch in einer Art »goldenem Käfig« gefangen. Dadurch, dass wir sie beschützen, haben sie nicht mehr die Möglichkeit, sich auf natürliche, hundgerechte Weise zu entfalten. Und sein natürliches Verhalten nicht ausleben zu können, ist für jedes in Gefangenschaft lebende Tier ein Stressfaktor.

Straßenhunde verbringen die meiste Zeit ihres wachen Daseins damit, nach Nahrung zu suchen oder zu jagen. Sie treten in komplizierte soziale Interaktionen zu anderen Hunden und streifen oft im Freien umher.

Es reicht nicht aus, unseren Hunden Sicherheit zu bieten. Wir müssen ihnen auch die Möglichkeit geben, Hunde zu sein.

Ein abwechslungsreiches Leben hilft zwar nicht gegen Trennungsangst, gehört aber trotzdem zum Trainingspaket Ihres Hundes dazu.

Spielen

Wenn Sie Ihrem Hund geistige Anregung bieten möchten, gibt es kaum etwas Besseres als Spielen. Ein Spiel beschäftigt das Gehirn des Hundes, außerdem kann er sich dabei austoben. Jeder, der schon mal einen Welpen hatte, kennt diesen Kreislauf aus Spielen-Schlafen-Fressen-Spielen-Schlafen-Fressen. Es gibt keinen besseren Schlaf als den tiefen Schlaf eines vom Spielen erschöpften jungen Hundes.

Spielen ist anstrengend – nicht nur für Welpen.

Das Ungewöhnliche an unseren Haushunden (im Vergleich zu anderen Tieren) ist die Tatsache, dass sie nicht nur im Welpenalter spielen. Auch erwachsene Hunde spielen gern; darin unterscheiden sie sich von anderen Tierarten. Vielleicht ist auch das ein Grund, warum wir Hunde so sehr lieben: Das Spielen hört nicht auf, wenn sie erwachsen sind – genauso wenig wie bei uns Menschen.

Wie wir sicherlich alle schon einmal beobachtet haben, spielen erwachsene Hunde und Welpen mit anderen Hunden und mit Menschen, aber auch alleine mit Gegenständen. Doch wenn Hunde älter werden, werden sie wählerischer im Hinblick darauf, mit wem sie spielen möchten, dann spielen sie seltener mit anderen Hunden. In dieser Hinsicht sind sie ein bisschen so wie wir: Im Alter von sechs Jahren waren wir mit fast allen Mitschülern unserer Klasse befreundet. Als Erwachsene haben wir einen kleineren Freundeskreis, sehen diese Freunde seltener und rennen auch nicht mehr jeden Tag mit ihnen auf dem Spielplatz herum.

> Das Spielen verbindet Sie mit Ihrem Hund und erinnert Sie daran, dass das Leben mit einem Hund, der unter Trennungsangst leidet, nicht immer nur trostlos sein muss.

Wenn Hunde älter werden, ändert sich also die Art ihres Spiels, aber der Geist des Spiels bleibt ihr Leben lang erhalten.

Vielleicht haben Sie schon mal erlebt, wie Ihr einst so spielfreudiger Hund im Hundepark einen früheren Spielkameraden aus seiner Welpenzeit mit Verachtung strafte. Oder Sie haben einen ballbesessenen Hund, der sich überhaupt nicht für andere Hunde interessiert. Vielleicht haben Sie sogar schon zu der üblichen Ausrede gegriffen: »Tut mir leid, er ist ein bisschen träge geworden. Er spielt nicht mehr so gern mit anderen Hunden.«

Doch nur weil ältere Hunde seltener spielen als Welpen, heißt das noch lange nicht, dass das Spiel ihnen nicht mehr so wichtig ist. Einen Welpen zum Spiel anzuregen, ist einfach; einen älteren Hund zum Spielen zu animieren, kann ein hartes Stück Arbeit sein. Vielleicht spielen wir deshalb nicht mehr so oft mit unseren älteren Hunden, wie wir eigentlich sollten.

Mit ein bisschen Mühe kann man aber auch einen älteren Hund zum Spielen motivieren.

Ballbesessene junge Hunde haben mehr Glück als ihre Artgenossen, denn sie haben ihre Leidenschaft schon in sehr jungen Jahren entdeckt. Genau wie die Eichhörnchenjäger oder Schwimmer unter den Hunden haben sie ein Ventil für ihre Verspieltheit gefunden, das sie bis ins Erwachsenenalter hinein beschäftigt.

Aber welche Möglichkeiten gibt es für einen Hund, der beschlossen hat, dass das Spielen mit anderen Hunden »so was von out« ist, oder einfach kein Interesse an Spielzeug hat? Während manche Hunde mit Begeisterung Stofftieren hinterherjagen, muss man andere dazu überreden, sich mit ihrem Spielzeug zu beschäftigen.

Mit ein bisschen Ermutigung kann man viele Hunde fürs Tauziehen begeistern, und viele haben auch Spaß an einem guten Futterpuzzle, wenn ihnen Futter wichtiger ist als Spielzeug.

Eine weitere gute Option ist das Tricktraining – ein großer Spaß für Sie und Ihren Hund.

Also spielen Sie mit Ihrem ängstlichen Hund – das wird ihm und Ihnen Spaß machen! Der Umgang mit einem Hund, den Sie nicht allein lassen können, kann sehr anstrengend sein und Ihre Beziehung zu ihm auf eine harte Probe stellen. Aber das Spielen verbindet Sie mit Ihrem Hund und erinnert Sie daran, dass das Leben mit einem Hund, der unter Trennungsangst leidet, nicht immer nur trostlos sein muss.

Futter

Zusätzlich zu Spiel und Bewegung sollten Sie Ihrem Hund auch Abwechslung in Form von Futter bieten.

Vergleichen Sie Straßenhunde, die den ganzen Tag auf Futtersuche sind, einmal mit unseren Haushunden: Wir stellen ihnen ihr Abendessen hin, und innerhalb von drei Minuten haben sie es in sich hineingeschlabbert.

Einer der größten Gefallen, die wir unseren Hunden tun können, besteht darin, ihnen ihre Ration wegzunehmen und in ein Futterlabyrinth zu stecken. Nein, das ist nicht grausam. Es ist eine Herausforderung für Ihren Hund und bietet ihm geistige Anregung.

Es gibt für jeden Hund und jedes Budget den passenden Puzzle-Futterautomaten. Vielleicht brauchen Sie ein bisschen Geduld, um das richtige Futterspielzeug für Ihren Hund zu finden. Und ein unerfahrener Hund wird anfangs auch etwas Ermutigung brauchen, um sich damit zu beschäftigen, doch mit Ermutigung und Lob finden die meisten Hunde Gefallen an der Herausforderung, sich für ihr Futter anzustrengen.

Ziehen Sie die Sache durch!

Auch wenn Ihnen das selbstverständlich vorkommen mag – es gibt noch einen weiteren Faktor, der darüber entscheidet, ob Hundebesitzer es schaffen, ihrem Vierbeiner seine Trennungsangst abzutrainieren oder nicht: nämlich das Durchhaltevermögen beim Training.

Das Training eines Hundes mit Trennungsangst hat große Ähnlichkeit mit dem Abnehmen. Wir probieren viele verschiedene Strategien aus in der Hoffnung, die *eine* Wunderwaffe zu finden, und doch schaffen wir es meistens nicht. Denn wir bleiben selten lange genug bei einer Sache.

Wenn Sie schon einmal versucht haben, abzunehmen, kennen Sie dieses Problem.

Sie entscheiden sich für eine Diät, probieren sie aus und stellen fest, dass sie nichts bringt. Also geben Sie auf und versuchen es mit einer anderen Diät. Die Auswahl an Modediäten ist schließlich riesengroß. Sie müssen nur eine finden, die funktioniert, nicht wahr?

Doch wenn man Ernährungswissenschaftler und Ärzte nach der besten Methode zum Abnehmen fragt, erhält man immer die gleiche Antwort: weniger Kalorien und mehr Bewegung. Diese »Idee« existiert bereits seit Jahren, und wir alle haben schon davon gehört.

Warum scheitern trotzdem so viele Menschen an so einfachen Ratschlägen? Weil das keine schnelle Lösung ist. Um abzunehmen, müssen wir unseren Lebensstil langfristig ändern. Das ist schwierig. Die Ausdauer, die man dazu braucht, und – seien wir ehrlich – die Langsamkeit, mit der sich der Abnehmerfolg einstellt, führen oft dazu, dass wir aufgeben, noch bevor wir der Methode überhaupt eine Chance gegeben haben.

> Es gibt noch einen weiteren Faktor, der darüber entscheidet, ob Hundebesitzer es schaffen, ihrem Vierbeiner seine Trennungsangst abzutrainieren oder nicht: nämlich das Durchhaltevermögen beim Training.

Dieser Ratschlag ist so alt, dass er einem fast schon wieder neu erscheint

Genau wie die Empfehlung, sich kalorienärmer zu ernähren und mehr Sport zu treiben, uralt ist, existiert auch die Goldstandard-Methode zum Trennungsangst-Training, die ich Ihnen in diesem Buch vorstelle, schon seit Jahrzehnten.

Diese bewährte Methode der allmählichen Gewöhnung ans Alleinsein ist durch wissenschaftliche Untersuchungen belegt. Wenn Sie dieses Training richtig durchführen, hat es eine hohe Erfolgsquote. Und es ist mit Sicherheit jeder anderen Methode haushoch überlegen.

Doch trotz dieses anerkannten Verfahrens gibt es eine unerschöpfliche Flut an widersprüchlichen Ratschlägen zur Behandlung von Trennungsangst. Kein Wunder, dass es Hundebesitzern oft so schwerfällt, herauszufinden, wo sie beginnen oder was sie tun sollen.

Aber wenn es eine Methode gibt, die besser ist als alle anderen – warum höre ich von Hundehaltern dann immer wieder die Aussage: »Das habe ich schon versucht, und es hat nicht funktioniert«?

Hier ein paar Gründe dafür:

- Wir halten nicht lange genug durch.
- Wir machen es nicht richtig.
- Wir sind nicht konsequent genug.

Wir halten nicht lange genug durch

Genau wie bei der Gewichtsabnahme braucht es Zeit, bis ein ängstlicher Hund wieder alleine klarkommt – sehr viel Zeit. Es dauert definitiv nicht nur ein paar Tage und auch nicht nur ein paar Wochen, sondern eher Monate.

Eine bessere Frage als »Wie lange?« würde lauten: »Wie viel Übung braucht mein Hund?« oder »Wie oft muss ich diese Übungen wiederholen?«

Wenn Sie schon mal eine Fremdsprache oder ein Musikinstrument erlernt haben, werden Sie das verstehen. Wenn Sie

Ihren Klavierlehrer gefragt hätten: »Wie lange dauert es, Klavierspielen zu lernen?«, dann hätte der Lehrer wahrscheinlich geantwortet: »Definieren Sie, was Sie mit Lernen meinen«, »Das hängt davon ab, wie viel Sie üben«, »Das kommt darauf an, wie musikalisch Sie sind« usw.

Es gibt nicht nur eine Antwort.

Wir stellen hohe Erwartungen an unsere Hunde. Wenn sie ihr Verhalten nicht sofort ändern, denken wir, dass die Trainingsmethode, die wir eingesetzt haben, falsch sein muss. Also versuchen wir es mit einer anderen Methode.

Denken Sie daran, dass Ihr Hund gerade dabei ist, sich von einem schweren emotionalen Trauma zu erholen. Wenn Sie schon mal jemanden gekannt haben, der eine Trauerphase oder eine schwierige Scheidung überwinden musste, wissen Sie, dass Emotionen sich nicht so schnell ändern – egal was wir tun.

Wir machen es nicht richtig

Dieser Fehler ist auch mir unterlaufen. Als ich zum ersten Mal versuchte, etwas gegen Percys Trennungsangst zu tun, las ich etwas darüber, dass man »immer wieder zur Tür hinausgehen und wieder hereinkommen soll«. Das habe ich ein paarmal versucht, doch dadurch besserte Percys Problem sich nicht.

Auf die Beschreibung dieser Methode stößt man im Internet immer wieder. Dabei handelt es sich jedoch nicht um eine schrittweise Expositionstherapie, sondern lediglich um ein planloses, unsystematisches Training.

Das ist so, als würden Sie sich fest vornehmen, nicht mehr als 1500 Kalorien pro Tag zu sich zu nehmen, dann aber zum Nachtisch einen riesigen Eisbecher in sich hineinschaufeln, weil Sie glauben, dass der ungefähr so viele Kalorien hat wie ein Apfel.

Reine Spekulation und zu wenig Planung.

Wenn Sie Ihrem Hund seine Trennungsangst abtrainieren möchten, müssen Sie beurteilen, welche Abwesenheitsdauer er zurzeit verkraften kann. Und Sie müssen sich auch an einen festen Trainingsplan halten, um ihn nicht zu überfordern.

Wir sind nicht konsequent genug

Haben Sie schon mal eine Diät gemacht und beschlossen, zwischendurch ein paar Tage Pause einzulegen? Oder hatten Sie einen Fitness-Trainingsplan, kamen aber dann auf die Idee, dass dieser Plan nicht für Feiertage und Urlaube (oder für Montage und Wochenenden) gilt? Wenn Ihnen das bekannt vorkommt, erinnern Sie sich vielleicht auch daran, dass dieser Mangel an Konsequenz Ihren Fortschritt vereitelt hat. Vielleicht ist daran sogar Ihr ganzer Gewichtsreduktionsplan gescheitert.

Das Gleiche gilt auch für das Trennungsangst-Training – vor allem für die Regel, Ihren Hund nicht mehr allein zu lassen. Wenn Sie ihm beibringen möchten, allein glücklich zu sein, ist es ungeheuer wichtig, ihm diese beängstigenden Abwesenheiten zu ersparen. Wenn Sie das nicht tun, wird Ihr Hund niemals lernen, dass es kein Problem ist, allein zu bleiben.

Vielleicht muten Sie ihm an einem Tag nur eine kurze Trainingsabwesenheit zu, die ihm keine Angst einjagt, und er beginnt Vertrauen zu schöpfen: »Eigentlich ist ja alles ganz okay. Ich war allein, und trotzdem ist mir nicht der Himmel auf den Kopf gefallen.«

Doch beim nächsten Mal lassen Sie ihn viel länger allein, als er verkraften kann, und er denkt: »Das war wirklich der Horror! Frauchen war so lange weg, dass ich dachte, die Welt geht unter.«

Mit Diäten ist es genau das Gleiche: Wenn Sie von Montag bis Donnerstag nur 1500 Kalorien pro Tag zu sich nehmen, Ihrem Körper aber von Freitag bis Sonntag jeden Tag 4000 Kalorien zuführen, werden Sie damit nie vorwärtskommen.

Geben Sie nicht auf!

Wenn Sie glauben (oder gehört haben), dass diese Methode nicht funktioniert, überprüfen Sie sicherheitshalber noch einmal, ob Sie dabei auch wirklich alles richtig gemacht haben: Haben Sie sich stets genügend Zeit mit dem Training gelassen, praktizieren Sie es so, wie man das tun sollte, und sind Sie dabei konsequent?

Falls Sie eine dieser Fragen mit *Nein* beantwortet haben, geben Sie bitte nicht auf, sondern bleiben Sie bei dem Training. Es lohnt sich, noch ein bisschen mehr Geduld zu haben – die Ergebnisse werden Sie wahrscheinlich überzeugen!

Fallbeispiel

Amy und Sappho

Wenn es um mehr geht als nur um die Eingewöhnung eines Hundes

Amy nahm ihren kleinen Sonnenschein Sappho bei sich auf, als die Hündin gerade einmal zehn Monate alt war. Kurz darauf begann die Trennungsangst bei Sappho.

Wenn man sie allein ließ, machte sie alles kaputt. Und nicht nur das: Sie fraß auch alle möglichen Sachen, die nicht gut für sie waren – Kekse, Bücher und Süßigkeiten. Einmal hat sie sich sogar durch eine ganze Nachfüllpackung Handseife durchgefressen.

Sappho bellte und heulte auch ziemlich laut, was natürlich besonders problematisch ist, wenn man in einer Mietwohnung lebt.

Amy war fest entschlossen, das Problem zu lösen, und überlegte sich einen Plan dafür. Anfangs glaubte sie, dass es sich dabei vielleicht nur um normales Welpenverhalten handelte, und befolgte den üblichen Rat, Sappho in eine Box zu sperren. Doch das funktionierte nicht: Sappho fraß sich sogar durch diese Metallkiste hindurch. Da begriff Amy, dass mehr dahintersteckte als ein bloßes Welpenproblem, und schaute sich mein Trainingsprogramm für Hunde mit Trennungsangst an.

Zuallererst wurde Amy klar, dass sie Sappho nicht mehr allein lassen durfte. Also brachte sie sie während der Zeit, in der sie nicht zu Hause sein konnte, in einer Hundetagesstätte unter. Außerdem gelang es ihr, ihre Arbeitszeiten ein bisschen zu ändern und öfter von zu Hause aus zu arbeiten, und manchmal nahm sie Sappho auch mit ins Büro.

Als Nächstes sprach Amy mit dem Tierarzt über Sapphos Angstzustände. Dieser verschrieb der Hündin daraufhin ein angstlösendes Medikament (Fluoxetin), das sie jeden Tag einnehmen sollte.

Nachdem Amy diese Vorarbeit geleistet hatte, begann sie mit dem Training. Viele Leute fragen sich, warum es manchen Hundebesitzern gelingt, ihre Tiere von ihrer Trennungsangst zu befreien, während andere das nicht schaffen. Zweifellos hängt das sehr stark vom Gehirn des jeweiligen Hundes ab – und die Gehirnwindungen Ihres vierbeinigen Lieblings sind nun mal eine unbekannte Größe. Aber eines haben alle erfolgreichen Hundebesitzer gemeinsam: Sie trainieren und trainieren und trainieren. Trainingserfolg ist keine reine Glückssache.

Tatsächlich schaffen manche Hundebesitzer es nicht, die Trennungsangst ihres Vierbeiners zu überwinden, obwohl sie sich große Mühe geben. Zumindest habe ich aber noch nie erlebt, dass ein Hund über seine Trennungsangst hinweggekommen wäre, ohne dass seine Besitzer stundenlang mit ihm trainierten.

Amy hat konsequent mit Sappho gearbeitet und ihre Sache sehr gut gemacht. Sie hat viele Stunden in dieses Training investiert, und ihr Fleiß und ihre Geduld haben sich ausgezahlt. Jetzt kann Amy endlich wieder ein normales Leben führen, denn Sappho bleibt bis zu fünfeinhalb Stunden lang allein.

Interessanterweise berichtet Amy, dass es bei ihrer Arbeit mit Sappho zwei verschiedene Trainingsphasen gab:

»Für die erste Phase, in der ich noch gar nicht so richtig wusste, was ich da eigentlich tat, brauchten wir monatelang und sind kaum weitergekommen. Es stellte sich heraus, dass Sappho ihre Angstschwelle bereits überschritten hatte, ich ihr also im Grunde genommen beibrachte, in Panik zu geraten, wenn ich das Haus verließ. Die zweite Trainingsphase begann nach unserem Umzug, als ich mich Ihrer Gruppe anschloss und anfing, konsequent unter Sapphos Angstschwelle zu bleiben. Von da an haben wir Riesenfortschritte gemacht!«

Amys Beispiel zeigt sehr deutlich, dass wir mit diesem Training nur dann Erfolg haben, wenn unsere Hunde das Trainingstempo selbst bestimmen dürfen.

Zusammenfassung

- Trennungsangst-Training ist ein hartes Stück Arbeit. Deshalb verliert man dabei leicht den Mut und gibt auf, noch bevor sich die ersten Trainingserfolge zeigen.
- Hundebesitzer, die mit diesem Training Erfolg haben, bleiben konsequent bei der Stange – und meistens verabreichen sie ihrem Hund zusätzlich auch noch Medikamente gegen Angstzustände.
- Geben Sie nicht auf, nur weil Sie nicht gleich Fortschritte sehen. Wenn Sie alles richtig machen, Ihrem Hund Angstmedikamente geben und konsequent dranbleiben, stehen die Chancen gut, dass Sie Ihrem Hund bei der Überwindung seiner Trennungsangst helfen können.

KAPITEL 7

Ausnahmen und besondere Situationen

Beim Trennungsangst-Training wird es immer Ausnahmefälle geben. Deshalb wollen wir uns nun mit ein paar »Was ist, wenn …«-Fällen und besonderen Situationen beschäftigen.

Was tun, wenn das Training Ihres Hundes bei verschiedenen Personen und zu verschiedenen Zeiten unterschiedlich gut funktioniert?

Hunde verhalten sich oft sehr unterschiedlich, je nachdem, was in ihrer Welt gerade vor sich geht. Bei manchen Hunden funktioniert das Trennungsangst-Training abends zum Beispiel besonders gut, während sie morgens Schwierigkeiten damit haben. Andere Hunde kommen am Wochenende gut damit zurecht, tun sich aber unter der Woche schwer. Manche Hunde schneiden beim Abwesenheitstraining besser ab, wenn Frauchen weggeht, als wenn Herrchen die Wohnung verlässt. Wieder andere Hunde machen ihre Sache besser, wenn es draußen kalt ist als bei warmen Temperaturen.

All diese Ausnahmen müssen Sie berücksichtigen, und hier kommen die Informationen, die Sie sich während des Trainings notiert haben, ins Spiel. Wenn Sie merken, dass Ihr Hund bei seinem Training in bestimmten Situationen besser abschneidet als in anderen, was können Sie dann mit dieser Information anfangen? Setzen Sie Prioritäten und orientieren Sie sich dabei an dem Raster auf der nächsten Seite. Sie können entweder an den leicht zu erreichenden Zielen arbeiten oder an den schwierigeren, falls diese für Sie eine besonders hohe Priorität haben.

Ein wichtiger Tipp

Es ist gut, gleich zu Beginn des Trainings ein paar Erfolge zu erleben. Deshalb ermutige ich Hundehalter stets, an den leicht erreichbaren Zielen zu arbeiten, weil das sehr motivierend wirkt. Sie werden dann mehr Fortschritte sehen, als wenn Sie die großen, schwierigen Aufgaben rechts unten in dem Raster in Angriff nehmen.

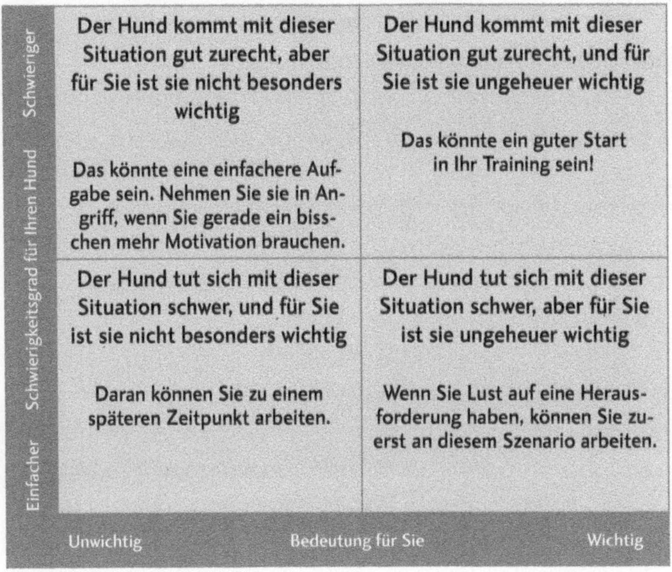

Schwierigkeitsgrad für Ihren Hund	Unwichtig – Bedeutung für Sie	Wichtig
Schwieriger	**Der Hund kommt mit dieser Situation gut zurecht, aber für Sie ist sie nicht besonders wichtig** Das könnte eine einfachere Aufgabe sein. Nehmen Sie sie in Angriff, wenn Sie gerade ein bisschen mehr Motivation brauchen.	**Der Hund kommt mit dieser Situation gut zurecht, und für Sie ist sie ungeheuer wichtig** Das könnte ein guter Start in Ihr Training sein!
Einfacher	**Der Hund tut sich mit dieser Situation schwer, und für Sie ist sie nicht besonders wichtig** Daran können Sie zu einem späteren Zeitpunkt arbeiten.	**Der Hund tut sich mit dieser Situation schwer, aber für Sie ist sie ungeheuer wichtig** Wenn Sie Lust auf eine Herausforderung haben, können Sie zuerst an diesem Szenario arbeiten.

Und wenn noch andere Menschen in Ihrem Haushalt leben?

Mitbewohner oder Kinder können bei diesem Training zu einem Problem werden. Was tun Sie, wenn noch andere Personen in Ihrem Haus oder Ihrer Wohnung leben, die vielleicht an dem Training mitwirken, vielleicht aber auch nicht?

In einem Haushalt mit Kindern trainieren Sie Ihren Hund am besten, wenn die Kinder in der Schule sind oder ein Babysitter auf sie aufpasst. Mit zunehmender Abwesenheitsdauer – wenn Ihr Hund allmählich Fortschritte macht – können Sie ihn auch in Gegenwart Ihrer Kinder trainieren. Lassen Sie die Kinder während Ihrer Trainingsabwesenheiten anfangs im Haus zurück (sofern sie alt genug dafür sind).

Doch früher oder später werden Sie sie in das Training einbeziehen müssen, und dadurch kann die Sache komplizierter werden. Versuchen Sie ein Spiel oder irgendetwas anderes daraus zu machen, was den Kindern Spaß bereitet. Und machen Sie ihnen klar, wie wichtig es ist, dafür zu sorgen, dass ihr Hund besser mit dem Alleinsein zurechtkommt.

Wenn Sie Babys haben, wird das Abwesenheitstraining noch komplizierter. Auch in so einem Fall schlage ich vor, mit dem Training zu beginnen, während jemand auf das Baby aufpasst.

Oft nimmt der Hund Gegenstände wie den Kinderwagen oder Autokindersitz als Aufbruchssignal wahr und reagiert dementsprechend verängstigt, sodass Sie ihn vielleicht erst mal gegen diese Objekte desensibilisieren müssen. Als Nächstes beziehen Sie auch Ihr Baby in das Trennungsangst-Training ein.

Fallbeispiel

Jenna und Brody

Wie Jenna ihre Babys in das Training eingebunden hat

Jenna, eine junge Mutter von zwei Kindern (im Alter von drei Jahren und sechs Monaten), war gleichzeitig auch Frauchen von zwei Fellnasen namens Brody und Lexi.

Als Jenna mich um Rat fragte, war ihr armer Havaneser Brody bereits ein richtiges Nervenbündel. Er hatte so große Angst davor, allein gelassen zu werden, dass er vor lauter Panik schon am ganzen Körper zitterte, bevor Jenna auch nur versuchte, die Wohnung zu verlassen.

Brodys Zustand und die Tatsache, dass man ihn nicht allein lassen konnte, belastete die Familie sehr. »Brody war mein erstes Baby, und ich wollte alles tun, um ihm zu helfen«, sagte Jenna. »Aber gleichzeitig musste ich auch versuchen, seine Bedürfnisse mit denen meines Mannes und meiner beiden Töchter in Einklang zu bringen.«

Außer Brodys extremer Trennungsangst hatte Jenna noch ein weiteres Problem: Wie sollte sie ihre beiden Töchter Charlotte und Sophia in das Training einbeziehen?

Ich riet ihr, das Training zunächst nur dann durchzuführen, wenn ihre Mutter auf die beiden Mädchen aufpassen konnte. Jenna sollte ihren Hund erst mal an eine gewisse Abwesenheitsdauer gewöhnen, bevor sie die zusätzliche Schwierigkeit auf sich nahm, beim Verlassen des Hauses auch noch ihre beiden kleinen Töchter mitzunehmen.

Außerdem sollte sie sich von Brodys Tierarzt im Hinblick auf eine medikamentöse Behandlung ihres Hundes beraten lassen. Der Tierarzt verschrieb ihm Fluoxetin.

Als Jenna ihre ersten Fortschritte mit Brody erzielte, waren die beiden Mädchen nicht in das Training involviert. Erst später fingen wir an, sie miteinzubeziehen.

Dieses Unterfangen als »kompliziert« zu bezeichnen, wäre eine haarsträubende Untertreibung. Jenna trainierte ihren Hund während des kanadischen Winters. Um aus dem Haus zu kommen, musste sie ein Baby, ein Kleinkind und sich selbst erst einmal warm anziehen, das Baby in den Kindersitz setzen und ihre beiden Kinder zum Auto bringen, wo sie dann gemeinsam warteten und Jenna den Hund per Videokamera beobachtete.

Jenna trainierte fleißig und entschlossen mit ihrem Hund. Trotz der Strapazen, die das Training ihr abverlangte, gab sie nicht auf. Eines Morgens erhielt ich eine Nachricht mit einem Foto von Jenna, die gerade mit ihrer ganzen Familie zum Brunch unterwegs war. Jenna hatte sich das Ziel gesetzt, einfach mal wieder etwas mit ihrer Familie zu unternehmen, daher hatte dieses Foto für sie einen ganz besonderen Symbolcharakter.

»Ihr Training hat meine Familie gerettet, Julie«, sagte Jenna. »Bevor wir damit anfingen, waren wir mit den Nerven am Ende. Aber jetzt sehe ich, dass wir Brody durchbringen können. Und das Beste ist, dass auch mein Mann daran glaubt. Ursprünglich hatte er gemeint, wir sollten Brody lieber weggeben – aber jetzt ist er fest davon überzeugt, dass wir es schaffen können. Ich danke Ihnen!!!«

Jenna arbeitet inzwischen wieder, und Brody verkraftet zwei vierstündige Abwesenheiten pro Tag.

Wenn Sie mit anderen Menschen zusammenleben, sollten Sie das Abwesenheitstraining auch gemeinsam mit ihnen durchführen. Versuchen Sie es mit folgenden drei Szenarien:

1. Trainieren Sie Ihren Hund, wenn niemand außer Ihnen zu Hause ist.
2. Verlassen Sie beim Abwesenheitstraining zusammen mit Ihren Mitbewohnern das Haus.
3. Trainieren Sie den Hund auch dann, wenn am Training unbeteiligte Menschen in der Nähe sind. Das ist zwar nicht so hilfreich wie das Training zu zweit (nur Sie und Ihr Hund), aber wenn weder Szenario Nr. 1 noch Nr. 2 möglich ist, können Sie es durchaus mit Variante Nr. 3 versuchen.

Und wenn noch ein zweiter Hund im Haushalt lebt?

Ein anderer Hund muss bei diesem Training nicht unbedingt ein Hindernis darstellen. In bestimmten Fällen könnte ein Zweithund allerdings doch zum Problem werden – zum Beispiel in folgenden Situationen:

1. Der andere (nicht ängstliche) Hund bellt, weil er draußen Geräusche hört, und Ihr ängstlicher Hund fühlt sich dadurch getriggert.
2. Während Sie die Übungen zu machen versuchen, reagiert Ihr zweiter Hund überdreht und steckt den ängstlichen Hund mit seinem Verhalten an.

Bei Szenario Nr. 1 versuchen Sie am besten, die Geräusche von draußen mit Musik oder weißem Rauschen zu überdecken. Sie können Ihren Kläffer aber auch darauf trainieren, weniger stark auf Außengeräusche zu reagieren. Natürlich ist es einfacher, dieses Gebell zu unterbinden, wenn Sie in der Nähe sind. Denn wenn Sie weg sind, gibt es niemanden, der ihn dazu auffordern könnte, ruhig zu sein. Aber wenn Sie konsequent an seinem reaktiven Bellen arbeiten, kann es durchaus sein, dass er auch in Ihrer Abwesenheit nicht mehr so oft bellt.

Bei Szenario Nr. 2 versuchen Sie es am besten einmal damit, den nicht ängstlichen Hund während des Trainings in eine Box zu sperren oder in einem anderen Zimmer unterzubringen.

Wenn Sie jedoch den Eindruck haben, dass Ihr Zweithund beruhigend auf den ängstlichen Hund wirkt, dann beziehen Sie diesen Hund ruhig in das Trennungsangst-Training ein.

Viele Hundehalter machen sich Sorgen darüber, wie es ihrem ängstlichen Hund gehen wird, wenn sie mit dem zweiten Hund einmal zum Tierarzt oder in den Hundesalon gehen müssen. Aber so etwas kommt zum Glück nicht besonders oft vor. Hundetraining ist sehr anstrengend, daher lohnt es sich, mit Ihrem unter Trennungsangst leidenden Hund zuerst die wichtigsten Dinge zu trainieren und sich dann um spezielle Ausnahmesituationen zu kümmern.

Und wenn beide Hunde unter Trennungsangst leiden?

Das kommt gar nicht so selten vor, wie Sie vielleicht denken: Manchen Studien zufolge leiden 20 Prozent aller Hunde unter diesem Problem. Es ist nicht so, dass der eine Hund sich bei dem anderen »angesteckt« hätte – Sie haben eben einfach doppeltes Pech gehabt.

Wenn Sie zwei Hunde mit Trennungsangst haben, sollte Ihr Training im Tempo des langsamsten Hundes ablaufen. Führen Sie die Basisbeurteilung in Anwesenheit beider Hunde durch und notieren Sie sich die Zeit, in der der erste Hund unruhig wird. Orientieren Sie sich auch während des weiteren Trainings stets an dem Hund, der die meisten Schwierigkeiten damit hat.

Und wenn er mir während des Trainings bis zur Tür hinterherläuft?

Hunde finden Türen ungeheuer aufregend. Schließlich passiert jenseits der Haustür vieles, was dem Hund Spaß macht: Autofahrten, Ausflüge in den Park, Spaziergänge, aufregende Besucher.

Kein Wunder, dass Hunde gern nachschauen, was an der Tür los ist! Dass er Ihnen bis zur Tür nachläuft, muss also noch nicht unbedingt ein Zeichen von Angst sein.

Doch wenn Ihr Hund aufgeregt oder bekümmert wirkt oder in Panik zu geraten scheint, wenn Sie zur Tür gehen, sieht die Sache schon ein bisschen anders aus: Dann ist das Hinterherlaufen ein Zeichen von Nervosität.

Wir dürfen auch nicht vergessen, dass kein Hund – selbst einer, der keine Angst hat – glücklich ist, wenn wir weggehen. Er gerät dadurch vielleicht nicht in Panik, kann aber doch enttäuscht sein. Denn schließlich passiert so ziemlich alles, was einem Hund Spaß macht, in unserer Anwesenheit oder wenn wir mit ihm hinausgehen.

Das erkläre ich Hundebesitzern immer wieder: Die natürliche Entwicklung bei einem Trennungsangst-Training besteht darin, dass der Hund nicht mehr ängstlich, sondern nur noch enttäuscht reagiert, wenn sie weggehen.

Es kommt selten vor, dass ein Hund sich nach dem Training plötzlich freut, wenn Herrchen oder Frauchen die Wohnung verlässt.

Und was ist, wenn er während einer längeren Abwesenheit wach bleibt?

Hunde schlafen ungefähr 14 Stunden pro Tag – Welpen und ältere Hunde brauchen sogar noch mehr Schlaf. Es ist also zu erwarten, dass Ihr Hund schlafen wird, während Sie von zu Hause fort sind.

Viele Hunde werden während Ihrer Abwesenheit sogar die ganze Zeit schlafen, während andere öfters in der Wohnung herumwandern: Sie suchen sich verschiedene Schlafplätze, schauen aus dem Fenster, um zu beobachten, was in der Welt so alles passiert, oder wühlen vielleicht sogar in Ihrem Müll herum.

Es ist ein wunderbares Gefühl, Ihren Hund bei der Videoüberwachung schlafen zu sehen, aber geraten Sie nicht in Panik, wenn er wach ist! Solange er keine Zeichen von Angst zeigt, lassen Sie ihn einfach tun, was er will.

Wenn Ihr Hund während Ihrer Abwesenheit zunächst einschläft und dann wieder wach wird und herumzulaufen beginnt – ist das ein Grund zur Besorgnis? Nein, ganz und gar nicht. Genau wie wir Menschen haben auch schlafende Hunde zwischendurch immer wieder Wachphasen. Wenn Sie ihn per Videokamera beobachten, werden Sie vielleicht sehen, wie er aufwacht, sich bewegt, einen Schluck Wasser trinkt oder in der Wohnung herumläuft. Das ist völlig normal; so verhalten sich auch Hunde, denen es nichts ausmacht, allein zu Hause zu bleiben.

Sie müssen sich nur dann Sorgen machen, wenn Ihr Hund aufwacht und Zeichen von Angst zeigt. Diese Warnsignale kennen Sie ja inzwischen schon: Der Hund sucht mit seinen Augen die Wohnung nach Ihnen ab, läuft unruhig hin und her, wirkt übermäßig wachsam, leckt sich die Lefzen, hechelt und gibt immer mehr besorgte Laute (Winseln, Heulen, Bellen) von sich.

Wenn Ihr Hund keine Angst zeigt, bleiben Sie einfach da, wo Sie sind, und beobachten ihn weiterhin. Es kann gut sein, dass er sich wieder hinlegt.

Manche Hundebesitzer kommen mit dem Trennungsangst-Training nicht weiter, weil ihre Hunde während der Trainingsabwesenheiten zwar einschlafen, aber jedes Mal Angst bekommen, wenn sie aufwachen. Falls das bei Ihrem Hund auch so ist, kommen Sie nach Hause zurück, bevor er aufwacht. Das wird ihn natürlich aufwecken.

Warten Sie, bis er sich wieder hingelegt hat, und verlassen Sie dann erneut das Haus. Auf diese Weise macht er die Erfahrung, dass Aufwachen nicht bedeutet, dass Sie bei ihm bleiben. Außerdem lernt er dadurch, sich zu beruhigen.

Fallbeispiel

Maria und Buster

Wie man einem Hund beibringt, sich zu beruhigen

Buster gehörte auch zu diesen Hunden, die das Trennungsangst-Training mit Bravour meistern – aber nur bis zu dem Punkt, an dem sie einschlafen. Wenn er anschließend wieder aufwachte, bekam er einen Schreck und rastete aus, und Maria befürchtete, dass sie mit ihm nie über diesen Punkt hinauskommen würde.

Das kommt bei ängstlichen Hunden ziemlich häufig vor. Auch von Menschenmüttern höre ich so etwas immer wieder: Offenbar ist es gar nicht so ungewöhnlich, dass Kinder eine Phase durchmachen, in der sie schlecht schlafen und der natürliche Aufwachzyklus sie so sehr verunsichert, dass sie dann nicht wieder einschlafen können.

Buster ist ein gutes Beispiel dafür, wie kreativ wir bei unserem Kampf gegen Trennungsangst manchmal sein müssen. An den Grundregeln des Trainings ändert sich dadurch zwar nichts – wir gehen nach wie vor von unserem Wissen darüber aus, wie Hunde lernen –, aber manchmal müssen wir im Umgang mit diesen Regeln besonders kreativ sein.

Um Busters Aufwachangst zu bekämpfen, kam Maria schon nach Hause zurück, *bevor* er aufwachte (und Angst bekam). Doch statt die Übung damit zu beenden, wartete Maria, bis Buster sich beruhigt hatte, und ging dann wieder weg. Damit zeigte sie Buster, dass sein Aufwachen kein Grund zur Beunruhigung war – aber auch, dass sie deshalb nicht bei ihm bleiben würde.

Nach und nach lernte Buster, dass er auch dann aufwachen und sich anschließend wieder beruhigen konnte, wenn Maria nicht da war, sodass sie die Dauer ihrer Abwesenheiten nach und nach immer länger ausdehnen konnte.

Maria hat mir ein wunderschönes Foto von sich und ihrer Familie geschickt, auf dem sie zum ersten Mal seit der Adoption von Buster alle zusammen im Kino sitzen. Es sind nicht die großen, hochfliegenden Ziele, die zählen, sondern die bescheidenen, alltäglichen Meilensteine – zum Beispiel, dass man endlich wieder einmal mit der ganzen Familie für ein paar Stunden von zu Hause weggehen kann.

Und wenn er während Ihrer Abwesenheit immer wieder gebellt hat?

Gebell ist nicht immer leicht zu beurteilen. Hunde bellen aus allen möglichen Gründen. Übermäßiges, anhaltendes Gebell ist ein typisches Zeichen für Trennungsangst. Manchmal bellen Hunde aber auch, weil sie eine Autotür zuschlagen oder draußen einen anderen Hund bellen gehört haben.

Auch hier müssen Sie das Verhalten Ihres Hundes im Kontext betrachten. Haben Sie draußen etwas gehört? Bellt er auch bei Geräuschen auf der Straße, wenn Sie zu Hause sind?

Da Außengeräusche ein starker Trigger sein können, empfehle ich Ihnen, Ihrem Hund grundsätzlich Musik oder weißes Rauschen vorzuspielen, wenn Sie ihn allein lassen.

Besondere Situationen

Desensibilisierungstraining ist mit Abstand die beste Methode, um einem Hund über seine Trennungsangst hinwegzuhelfen. Dabei gibt es jedoch einiges zu bedenken.

Futter als Belohnung

Normalerweise ist das Training mit Belohnungen die beste Methode, die es gibt. Hunde lieben so etwas, weil es Spaß macht und sie dabei weder Angst noch Schmerzen haben. Und das Beste daran ist, dass es funktioniert! Untersuchungen zeigen sogar, dass es wirksamer ist als jede andere Methode. Futter ist das beste Trainingswerkzeug, das es gibt. Doch so hervorragend das normalerweise auch funktionieren mag – wenn Sie einen Hund mit Trennungsangst trainieren möchten, lassen Sie das Futter lieber im Schrank.

Es ist zwar nicht so, dass man Futter nicht für das Trennungsangst-Training verwenden kann – es ist einfach nur überflüssig. Wenn es um Trennungsangst geht, sollte jeder gute Trainer das Ziel verfolgen, dem Hundebesitzer das Training so einfach wie möglich zu machen. Je mehr Sie als Besitzer dabei tun müssen, umso weniger Erfolg werden Sie wahrscheinlich haben.

Aber wenn Futter so ein fantastisches Trainingswerkzeug ist, warum setzen wir es dann beim Trennungsangst-Training nicht ein?

Erstens geht es dabei nicht um Gehorsamkeitstraining. Natürlich könnten wir versuchen, die Trennungsangst unseres Hundes zu bekämpfen, indem wir ihm ein zuverlässiges »Bleib« antrainieren, das ihn davon abhält, an der Tür zu kratzen, aber selbst der gehorsamste Hund wird dieses »Bleib« nicht die ganze Zeit durchhalten, wenn Sie in der Arbeit sind.

Zweitens: Viele Hunde fressen nicht, wenn ihr Besitzer weg ist. Interessanterweise gilt das sowohl für Hunde mit Trennungsangst als auch für Hunde ohne Angstprobleme.

Ängstliche Hunde, die während der Abwesenheit von Herrchen oder Frauchen trotzdem fressen, neigen dazu, ihr Futter so gierig hinunterzuschlingen, dass sie es mehr oder weniger inhalieren. Sie zeigen also nicht gerade ein entspanntes Verhalten, wenn sie allein zu Hause sind.

Drittens: Bei Hunden, die auch dann fressen, wenn Sie nicht da sind, lenkt das Futter sie oft nur von Ihrer Abwesenheit ab. Sobald sie ihr Futter aufgefressen haben, setzt die Panik ein – und ein gefrorener Kong hält nun mal nicht ewig.

Trotzdem sollten Sie das Futter bei solchen Hunden nicht völlig außer Acht lassen. Futter eignet sich zum Beispiel hervorragend für Puzzles, um einen überaktiven Geist zu beschäftigen, und diese geistige Anregung ist ein wichtiger Bestandteil des Gesamtbehandlungsprogramms für einen Hund mit Trennungsangst.

Außerdem kann man Futter als Strategie für das Abwesenheitsmanagement einsetzen. Wenn Ihr Hund zum Beispiel auch dann frisst, wenn Sie unterwegs sind, und während der Zeit, die er braucht, um seinen gefrorenen Kong zu fressen, problemlos allein bleibt, können Sie diese Zeit nutzen, um Lebensmittel einzukaufen oder die Kinder von der Schule abzuholen.

Bei manchen meiner Klienten setze ich Futter in Form von ferngesteuerten Leckerli-Futterautomaten ein. Solche Automaten sind allerdings nicht ganz billig, und ihr Einsatz erfordert eine besondere Trainingstechnik.

Für manche Hunde können diese Futterautomaten durchaus sinnvoll sein, aber beim Trennungsangst-Training sind sie nicht immer hilfreich, und zwar aus verschiedenen Gründen:

1. Manche Hunde empfinden es als stressig, wenn das Leckerli aus dem Automaten herausgeschossen kommt.
2. Die Leckerlis gehen irgendwann aus, und dann rastet der Hund häufig aus.
3. Sie müssen ihn dabei im Auge behalten, daher ist diese Lösung nicht immer sinnvoll (zum Beispiel, wenn Sie ins Kino gehen oder Auto fahren!).

Ist es sinnvoll, einen zweiten Hund anzuschaffen?

Haben Sie den Ratschlag, dass ein zweiter Vierbeiner Ihrem Hund über seine Trennungsangst hinweghelfen könnte, schon einmal gehört? In den sozialen Medien berichten viele Menschen, dass diese Strategie bei ihrem Hund sehr erfolgreich war.

Ist das womöglich das Wundermittel, nach dem Sie schon so lange suchen? Vielleicht. Aber wahrscheinlich nicht. Es gibt so viele »Schaff dir doch einfach einen zweiten Hund an«-Erfolgsstorys, die sich manchmal auch wirklich sehr überzeugend anhören. Aber Sie sollten wissen, dass es noch viel mehr Fälle gibt, in denen ein zweiter Hund überhaupt nichts bewirkt.

Wissenschaftlichen Untersuchungen zufolge lassen sich die Probleme eines Hundes mit Trennungsangst nicht immer durch die Anschaffung eines zweiten Hundes beheben. In diesen Untersuchungen wirkte ein Zweithund sich am positivsten aus, wenn der ängstliche Hund zuvor einen Hausgenossen verloren hatte.

Bei den meisten Hunden ließ sich die Trennungsangst durch einen neuen Hund im Haushalt jedoch nicht beeinflussen. Wir wissen zwar nicht genau, warum das so ist, aber die meisten Hunde mit Trennungsangst geben sich nur mit menschlicher Gesellschaft zufrieden.

Und was ist, wenn Sie sich einen zweiten Hund zulegen, die Trennungsangst Ihres ersten Hundes jedoch nicht verschwindet? Wie wirkt sich diese Anschaffung auf Ihr Leben aus? Dadurch haben Ihre Tierarztkosten, Ihre Futterkosten und die Kosten für Hundeausstattung sich verdoppelt.

Und diese Ausgaben summieren sich im Lauf des Lebens eines Hundes. Laut einer Untersuchung, die im Jahr 2018 auf Petfinder veröffentlicht wurde, beläuft eine realistische Schätzung sich auf 1500 Dollar im ersten Jahr und 1000 Dollar für jedes weitere Jahr.

Und in diesen Schätzwerten sind Aufenthalte in Hundepensionen, tierärztliche Notfallversorgung, die tierärztliche Behandlung älterer Hunde und die Kosten für Hundesalon, Hundeausführer und Training noch nicht enthalten. Ein zweiter Hund bringt nicht nur mit Sicherheit zusätzliche Kosten mit sich, sondern höchstwahrscheinlich auch noch mehr Chaos. Und wer weiß schon, ob Ihr zweiter Hund nicht auch irgendwelche Verhaltensprobleme hat?

Vielleicht wird er nicht unbedingt unter Trennungsangst leiden – aber es ist sehr unwahrscheinlich, dass ein Zweithund nicht auch irgendwann in seinem Leben ein Problem bekommt. (Ich habe drei Hunde, also weiß ich, welche Freude – und welches Chaos! – ein Mehrhundehaushalt mit sich bringen kann, und werde Ihnen ganz sicher nicht von einem zweiten Hund abraten.)

Hunde, die in einem Haushalt mit anderen Hunden zusammenleben, müssen jeden Tag komplexe soziale Interaktionen miteinander aushandeln. Diese komplizierten Denkprozesse sind sehr gut für ihr Gehirn. Und in Tierheimen gibt es viele wunderbare Hunde, die dringend ein Zuhause brauchen, also legen Sie sich ruhig einen zweiten Hund zu – aber tun Sie das, weil Sie wirklich einen Zweithund *wollen*, und nicht aus anderen Gründen.

Tun Sie es in dem Wissen, dass die Trennungsangst Ihres Hundes sich dadurch wahrscheinlich nicht beheben lässt – und dass Sie der Herausforderung, die ein zusätzlicher Hund mit sich bringen kann, auch wirklich gewachsen sind. Fragen Sie sich: »Würde ich mir auch dann einen zweiten Hund zulegen, wenn ich nicht daran glaubte, dass er meinem ersten Hund über seine Trennungsangst hinweghelfen kann?« Wenn Ihre Antwort darauf Ja lautet, dann tun Sie es ruhig. Man kann ja nie wissen: Vielleicht – aber nur vielleicht – stellen Sie fest, dass Ihr erster Hund dadurch tatsächlich über seine Trennungsangst hinwegkommt. Falls ja, wäre das eine echte Win-win-Situation.

Wenn Sie lieber erst testen möchten, wie Sie mit zwei Hunden zurechtkommen, versuchen Sie es doch mal mit einem Pflegehund. Nehmen Sie für eine Woche einen Hund zu sich in Pflege und beobachten Sie, wie sich das auf die Trennungsangst Ihres Hundes auswirkt. Damit tun Sie ein gutes Werk für den Pflegehund und finden gleichzeitig heraus, ob ein vierbeiniger Gefährte die Trennungsangst Ihres Hundes beheben kann. Eine Garantie dafür gibt es allerdings nicht.

Trennungsangst bei Welpen

Nicht nur ältere Hunde leiden unter Trennungsangst: Dieses Problem kann auch schon bei Welpen auftreten. Dazu gibt es zwar keine eindeutigen wissenschaftlichen Untersuchungsergebnisse, allerdings deutet einiges darauf hin, dass Trennungsangst genetisch bedingt sein könnte.

Manche Hundebesitzer haben schon mit Trennungsangst zu kämpfen, wenn ihre Hunde noch sehr jung sind. (So war es auch bei mir.) Es scheint also zumindest Anhaltspunkte dafür zu geben, dass Welpen mit Trennungsangst »erblich vorbelastet« sein könnten.

Was können Sie tun, um dem Auftreten von Trennungsangst bei Ihrem Welpen vorzubeugen?

Hier meine drei wichtigsten Tipps:

1. Kaufen Sie Ihren Hund nicht in einer Welpenfabrik.
2. Gewöhnen Sie ihn an die Box, ohne ihm dabei Angst einzujagen.
3. Trainieren Sie ihn frühzeitig darauf, allein zu Hause zu bleiben.

Kaufen Sie Ihren Hund nicht in einer Welpenfabrik

Das Wichtigste zuallererst: Kaufen Sie Ihren Welpen bei einem seriösen Züchter. Woran erkennt man, ob ein Züchter seriös ist? Das ist gar nicht so einfach. Denn die Betreiber von Welpenfabriken greifen zu allen möglichen Tricks, um Ihnen vorzugaukeln, dass Ihr Welpe von einem Züchter stammt. Aber es gibt doch ein paar Orientierungshilfen, an die Sie sich halten können:

- Kaufen Sie Ihren Welpen nicht im Online-Handel.
- Bestehen Sie darauf, die Welpen des Wurfs vorher zu besuchen und die Eltern kennenzulernen.
- Der Züchter sollte Ihnen keinen Welpen mit nach Hause geben, der jünger als acht Wochen ist.
- Lassen Sie sich keinen Welpen per Post schicken, selbst wenn Sie eine seltene Farbe oder Rasse gefunden haben, nach der Sie verzweifelt suchen.

Am wichtigsten ist es vielleicht, Ihrem Instinkt zu vertrauen. Ich halte zwar sehr viel von Fakten, aber manchmal können wir uns auch auf unseren Instinkt verlassen. Wenn Sie auch nur den leisesten Verdacht haben, dass an dem Züchter, den Sie ins Auge gefasst haben, etwas faul sein könnte, lassen Sie lieber die Finger davon.

Und falls Sie befürchten, dass Ihr Welpe aus einer Welpenfabrik stammen könnte, Ihnen das aber leider zu spät aufgefallen ist, machen Sie sich deshalb keine Vorwürfe! Wie gesagt: Diese Unternehmen werden immer größer, raffinierter und hinterhältiger. Sie können jeden hinters Licht führen.

Gewöhnen Sie ihn an die Box, ohne ihm dabei Angst einzujagen

Stubenreinheit und Boxentraining gehen Hand in Hand. Es ist einfacher, einen Welpen zur Stubenreinheit zu erziehen, wenn man ihn in eine Box sperren kann, aber Trennungsangst und Boxentraining passen nicht gut zusammen.

Selbst nicht-ängstliche Welpen muss man sanft und behutsam an die Box gewöhnen. Gehen Sie niemals davon aus, dass ein Welpe seine Box von Geburt an heiß und innig lieben wird. Am ersten Tag braucht er also nicht nur ein Sauberkeits-, sondern auch ein Boxentraining.

Beim Sauberkeitstraining sollten Sie besonders wachsam sein. Möglicherweise können Sie Ihren Hund anfangs nicht für längere Zeit in die Box sperren. Wenn er nicht in der Box bleiben mag, binden Sie ihn am ersten Tag an Ihrer Taille fest. So lassen Missgeschicke in der Wohnung sich am ehesten vermeiden.

Gleichzeitig gewöhnen Sie Ihren Welpen an seine neue Box. Machen Sie diese Box zu einem magischen Ort, an dem Leckerlis vom Himmel fallen und aus dem Nichts heraus Futternäpfe erscheinen. Dann wird er sich schon bald immer öfter an diesem herrlichen Ort aufhalten wollen.

Welpen, die nicht unter Trennungsangst leiden, gewöhnen sich schnell an ihre Box. Sie werden vielleicht manchmal winseln, weil sie herauswollen, aber wenn man sie mit Futter und Wasser versorgt hat, sie sich müde gespielt haben, Gassi gegangen sind und es Zeit für ein Nickerchen ist, können Sie das normale Winseln eines Welpen getrost ignorieren.

Das bedeutet natürlich nicht, dass Sie einen Welpen stundenlang heulen lassen sollen. Ich meine damit lediglich, dass Sie das nicht durch Angst verursachte, protestierende Maunzen Ihres Welpen nicht zu beachten brauchen – vor allem, wenn alle seine Bedürfnisse erfüllt sind.

Wie unterscheidet man das normale Winseln eines Welpen von ängstlichem Winseln? Ein Hund, der Angst hat, winselt ständig und hört nicht mehr damit auf. Das normale Winseln eines Welpen dagegen hält nicht lange an, und er winselt auch nicht die ganze Zeit. Es wird Zeiten geben – sogar am ersten Tag –, in denen er einfach in seine Box trottet und dort ganz zufrieden ist.

Das ist der wichtigste Unterschied: Wenn ein Welpe in seiner Box Angst hat, wird er diese Angst höchstwahrscheinlich immer zeigen. Er geht nur ungern hinein und braucht viel länger, um sich damit abzufinden, dass sich die Tür hinter ihm schließt.

Trainieren Sie ihn frühzeitig darauf, allein zu Hause zu bleiben

Sich mit einem Welpen zu beschäftigen, ist eine lohnende Aufgabe und macht Spaß. Wenn ein Welpe bei uns zu Hause Einzug gehalten hat, möchten wir so oft wie möglich mit ihm zusammen sein. Das Welpenalter ist eine kostbare Zeit, die leider nur allzu schnell vergeht. Also spielen, toben und albern wir mit unserem Welpen herum. Dann stecken wir ihn in eine Box, die ihm nur wenig oder gar keine Anregung bietet – und gehen einfach weg! Das kann für den kleinen Hund schon ganz schön frustrierend sein.

Welpen müssen aber auch lernen, allein zu sein. Diesem Training sollten wir bei einem Welpen die gleiche Priorität einräumen wie der Stubenreinheit und der Sozialisation.

Wenn Ihr Welpe jünger als zwölf Wochen ist und sich noch in der leicht beeinflussbaren Sozialisationsphase befindet, sollten Sie ihm jetzt beibringen, dass die Zeiten Ihrer Abwesenheit etwas Fantastisches sind!

Lassen Sie Ihren Welpen anfangs sehr oft, aber immer nur für kurze Zeit allein. Und wenn Sie weg sind, entschädigen

Sie ihn dafür mit etwas Wunderschönem – zum Beispiel mit einem Bully Stick oder seinem Lieblingsspielzeug.

Machen Sie ihm klar, dass der Spaß nicht aufhört, wenn Sie weggehen. Ganz im Gegenteil: Dann fängt das Vergnügen erst richtig an!

Es gibt keine Garantien

Ich kann Ihnen nicht garantieren, dass Sie der Entstehung einer Trennungsangst mit diesen Maßnahmen vorbeugen können, aber wenn ich vorhätte, mir einen neuen Welpen anzuschaffen, würde ich es mit dieser Strategie versuchen.

Und selbst wenn Ihr Welpe bereits unter Trennungsangst leidet, ist es trotzdem nicht zu spät, um mit dem Training zu beginnen. Denn durch Trennungsangst-Training lernt der junge Hund, dass er keine Angst vor dem Alleinsein zu haben braucht.

Und was ist mit älteren Hunden?

Der Besitz eines älteren Hundes kann eine große Bereicherung sein, doch jeder Hundehalter weiß, dass solche Hunde einem auch viel Kummer und Sorgen bereiten können. Trennungsangst in höherem Alter ist ein ganz besonders schwieriges Problem für Besitzer älterer Hunde.

Hunde können gegen Ende ihres Lebens aus verschiedenen Gründen Trennungsangst entwickeln, zum Beispiel:

- Verlust des Seh- oder Hörvermögens: Vermutlich ist der Hund dann nicht mehr so gern allein, weil er sich durch seine eingeschränkte Sinneswahrnehmung beeinträchtigt fühlt.

- Er verkraftet Veränderungen nicht mehr so gut; das gilt auch für veränderte Situationen in dem Haushalt, in dem er lebt.
- Außerdem machen ihm medizinische Probleme und die immer häufiger werdenden Tierarztbesuche, die viele ältere Hunde über sich ergehen lassen müssen, zu schaffen.

Hundebesitzer wissen auch oft nicht, dass es sich bei der »Trennungsangst« vieler älterer Hunde in Wirklichkeit um eine Form von Hundedemenz handelt – eine Erkrankung, die man als »kognitive Störung bei Hunden« oder »canines kognitives Dysfunktionssyndrom (CDS)« bezeichnet.

Zu den CDS-Symptomen, die oft mit Trennungsangst verwechselt werden, gehören:

- vermehrte Unruhe und Ängstlichkeit,
- Missgeschicke in der Wohnung, obwohl der Hund bereits stubenrein war, und
- vermehrtes Bellen oder sonstige Lautäußerungen.

Wenn Sie glauben, dass Ihr älterer Hund unter Trennungsangst leidet, lautet die entscheidende Frage: Wann hat diese Trennungsangst begonnen?

Wenn die Symptome erst vor Kurzem aufgetreten sind (Ihr Hund also nicht schon seit vielen Jahren oder gar sein ganzes Leben darunter leidet), sollten Sie zunächst mit Ihrem Tierarzt sprechen. Wenn sich alle anderen möglichen Ursachen (vor allem ein CDS) ausschließen lassen, können Sie mit dem Trennungsangst-Training fortfahren. Man kann auch einem alten Hund etwas Neues beibringen! Und was noch wichtiger ist: Ein richtig durchgeführtes Trennungsangst-Training ist für Ihren Hund weder körperlich anstrengend noch zermürbend. Sie können es also auch bei einem älteren Hund praktizieren, ohne befürchten zu müssen, dass er dann womöglich noch mehr Probleme entwickelt.

Aber wie Sie inzwischen ja bereits wissen, erfordert dieses Training viel Zeit. Also setzen Sie keine zu hohen Erwartungen in Ihren Hund!

Während Sie auf die ersten Trainingserfolge warten, können Sie nach jemandem suchen, der auf Ihren verunsicherten Hund aufpasst. Wäre es nicht ein schönes Gefühl zu wissen, dass er in den letzten Jahren seines Lebens nicht allein sein und Angst haben muss?

Das Schöne an älteren Hunden ist, dass sie keine so hohen Anforderungen an ihren Betreuer mehr stellen. Sie werden staunen, wie viele Menschen Ihren Hund gerne für ein oder zwei Stunden bei sich aufnehmen würden!

Sie können Ihrem vierbeinigen Senior mit Sicherheit seine Angst vor dem Alleinsein nehmen. Wie bei einem ängstlichen Hund jeden Alters wird diese Umgewöhnung jedoch einige Zeit in Anspruch nehmen, und Sie werden dazu viel Geduld brauchen.

Denken Sie daran: Es lohnt sich auch bei einem älteren Hund, dafür zu sorgen, dass er die letzten Jahre seines Lebens angstfrei verbringen kann. Vielleicht gibt es für Ihren alten Hund nichts Wichtigeres, als sich zu Hause wohl und sicher zu fühlen, während Sie weg sind.

Fallbeispiel

Shannon, Chad und Tucker

Trennungsangst-Training ist auch bei einem älteren Hund möglich!

Oft werde ich gefragt, ob auch ältere Hunde ihre Trennungsangst überwinden können. Meiner Erfahrung nach können sie das sehr wohl. Die meisten Menschen gehen davon aus, dass es jüngeren Hunden leichter fällt, über ihre Angst vor dem Alleinsein hinwegzukommen, doch das Alter ist kein entscheidender Faktor für den Trainingserfolg.

Shannon, Chad und Tucker sind ein gutes Beispiel dafür.

Shannon und Chad haben Tucker aus dem Tierheim geholt, als er ungefähr acht Jahre alt war. Tucker war von seinem Besitzer weggegeben worden; die genauen Gründe dafür waren dem Tierheim nicht bekannt.

Shannon und Chad wussten nicht, dass Tucker unter Trennungsangst litt, als sie ihn adoptierten. Die Mitarbeiter des Tierheims waren sogar der Meinung, dass er ganz gut allein zurechtkommen würde, weil er so »entspannt« wirkte. Aber für einen alten Hund hatte er eben doch schon einiges durchgemacht: zuerst die Umstellung von seinem früheren Leben auf das Leben im Tierheim und schließlich die Gewöhnung an sein neues Zuhause.

Tuckers Trennungsangstsymptome zeigten sich schon sehr bald in Form von ununterbrochenem Heulen/Bellen; manchmal machte er auch Einrichtungsgegenstände kaputt.

Also versuchten Shannon und Chad ihm dazu zu verhelfen, dass er besser allein zurechtkam. Zunächst begannen sie mit dem Boxentraining. Tucker hielt es bereits bis zu 45 Minuten lang in seiner Box aus – bis er eines Tages beschloss, dass es ihm dort überhaupt nicht gefiel!

Daraufhin begannen sie Tucker frei im Haus herumlaufen zu lassen. Sie ließen ihn schrittweise immer länger allein, und er verkraftete das auch ganz gut. Doch mit der Zeit lernte er, wann Shannon und Chad aus dem Haus gingen, und wusste immer schon vorher, wann sie wieder verschwinden würden. Dadurch verschlimmerte sich seine Angst vor dem Alleinsein.

Schließlich wandten die beiden sich an einen Trennungsangst-Trainer, aber die Kosten für das Training waren zu hoch. Sie konnten sich weder einen Trainer noch eine Hundetagesstätte für Tucker leisten.

Dann stieß Shannon zufällig auf eines meiner kostenlosen Trainingsprogramme, und Tucker kam so gut damit zurecht, dass Shannon und Chad sich entschlossen, das Training mit meiner Methode fortzusetzen.

Leicht ist ihnen das allerdings nicht gefallen. Das Abwesenheitsmanagement war ein schwieriger Balanceakt. Außerdem gingen Shannon und Chad kurz nach Beginn des Trainings auf Hochzeitsreise – eine weitere Belastung, mit der Tucker fertigwerden musste. Obwohl er zum Zeitpunkt ihrer Abreise schon fast 20 Minuten lang allein bleiben konnte, stiegen sie bei ihrer Rückkehr ganz langsam und allmählich wieder in sein Abwesenheitstraining ein, um Rückschlägen vorzubeugen.

Innerhalb von vier Monaten nach Beginn der Zusammenarbeit mit mir konnten Shannon und Chad allmählich große Fortschritte feststellen: Vor allem fiel es Tucker jetzt viel leichter, abends allein zu bleiben.

Sie haben seit seiner Anschaffung auch eine große Veränderung in Tuckers Charakter beobachtet: Er entwickelt inzwischen sehr viel mehr Persönlichkeit und Selbstvertrauen.

Wie bei allen Hunden mit Trennungsangst gab es auch bei Tucker Höhen und Tiefen; größere Rückschritte sind bei diesem Verhaltensproblem völlig normal.

Zum Zeitpunkt meiner Arbeit an diesem Buch kann Tucker jedoch schon fast drei Stunden lang allein bleiben. Und vor Kurzem bekamen Shannon und Chad die langersehnte Belohnung für ihre harte Arbeit: Sie konnten zum ersten Mal, seit sie Tucker aus dem Tierheim geholt hatten, zusammen essen gehen, ohne einen Hundesitter zu brauchen!

Tucker fällt das Alleinsein abends immer noch schwerer als am Morgen, doch das kommt bei Hunden mit Trennungsangst sehr häufig vor. Shannon und Chad trainieren weiterhin hart mit ihm – zu beiden Tageszeiten.

»Ich glaube, Tucker vertraut uns jetzt in vielerlei Hinsicht, vor allem, wenn wir ihn allein lassen«, sagt Shannon. »Dieses Vertrauen mussten wir zwar durch viele Trainingsstunden aufbauen, aber das war es wert!«

Sie wissen zwar, dass es noch einiges zu tun gibt, aber das »Team Tucker« hat gezeigt, dass man auch einem älteren Hund beibringen kann, glücklich und zufrieden allein zu Hause zu bleiben.

Eingewöhnung in einem neuen Zuhause: Ängste nach der Adoption

Es ist völlig normal, dass Hunde in einem neuen Zuhause zunächst verunsichert sind. Die Verhaltensweisen, die wir bei solchen Tieren beobachten, haben oft große Ähnlichkeit mit dem Problemverhalten von Hunden mit Trennungsangst.

Was können Sie tun, wenn der Hund, den Sie gerade adoptiert haben, heult, winselt, alles kaputtmacht oder die Wohnung verschmutzt, während Sie weg sind? Lesen Sie den Abschnitt »Häufige Anzeichen von Trennungsangst« in Kapitel 1, der beschreibt, woran Sie erkennen können, ob Ihr Hund verängstigt ist oder einfach nur eine Beschäftigung sucht. Wenn Sie zu dem Schluss kommen, dass mehr als bloße Langeweile hinter seinem Verhalten steckt, sollten Sie mit einem Desensibilisierungstraining beginnen.

»Aber was ist, wenn er nicht unter Trennungsangst leidet, sondern sich in seinem neuen Zuhause einfach nur verunsichert fühlt?«, werden Sie sich jetzt vielleicht fragen. Die gute Nachricht lautet, dass Sie dieses Training sehr viel schneller durchziehen können, wenn er nur ein bisschen Hilfe beim Alleinsein in seinem neuen Zuhause braucht.

Sie haben also nichts zu verlieren. Allen Hunden bringt es etwas, wenn man sie an ein neues Zuhause gewöhnt.

Zusammenfassung

- Es gibt ein paar Regeln für das Trennungsangst-Training, die für alle Hunde gelten. Aber es gibt auch viele Ausnahmen.
- Jeder Hund überwindet seine Trennungsangst auf etwas andere Weise. Es kann sein, dass Ihr Hund das Training zu verschiedenen Tageszeiten oder mit verschiedenen Menschen unterschiedlich gut bewältigt. Diese Unterschiede sind völlig normal, und man kann sie gut in den Griff bekommen.
- Der Umgang mit Welpen, älteren oder neu adoptierten Hunden erfordert besonders reifliche Überlegung. All diese Hunde können zwar unter Trennungsangst leiden, es kann aber auch ein anderes Problem dahinterstecken, das nur zufällig wie Trennungsangst aussieht.

KAPITEL 8

Trennungsangst: Überlebensstrategien für Hundebesitzer

Sie führen das Training mit Ihrem Hund durch, haben das Abwesenheitsmanagement gut gemeistert und sogar begriffen, was es mit den Rückschritten Ihres Hundes auf sich hat. Trotzdem werden Sie das Trennungsangst-Training vielleicht immer noch manchmal als sehr hart empfinden.

In diesem Kapitel finden Sie mein »Geheimrezept« für einen erfolgreichen Umgang mit Trennungsangst:

- Holen Sie sich Unterstützung von anderen Menschen, die Hunde mit Trennungsangst haben, und
- machen Sie sich das Training zur festen Gewohnheit.

Diese beiden Punkte wollen wir uns nun ein bisschen genauer anschauen.

Holen Sie sich Unterstützung von anderen Menschen, die Hunde mit Trennungsangst haben

Auch wenn sich das ziemlich melodramatisch anhört: Trennungsangst ist ein Problem, das zu sozialer Isolation führen kann. Wenn Sie einen Hund mit Trennungsangst haben, heben Sie sich von der großen Masse der Menschen ab. Ihre Mitmenschen werden das vielleicht nicht »verstehen«. Niemand kann nachvollziehen, wie es ist, mit einem solchen Hund zu leben, wenn er nicht selbst einen hat.

Statt sich ganz allein mit diesem Problem herumzuschlagen, sollten Sie sich also lieber mit anderen Hundebesitzern austauschen, die das Gleiche durchmachen wie Sie. In unserer heutigen hochgradig vernetzten Welt gibt es diesbezüglich zum Glück jede Menge Möglichkeiten.

Aus folgenden Gründen kann es Ihnen helfen, sich mit Leidensgenossen zusammenzutun:

- Trennungsangst-Training ist einfach, aber nicht leicht.
- Die beste Art zu lernen besteht darin, anderen etwas beizubringen.
- Alles wird erträglicher, wenn man sich gegenseitig Geschichten darüber erzählt.
- Hundebesitzer mit ähnlichen Problemen können sich gegenseitig bei der Stange halten.
- Gemeinsam lassen gute Gewohnheiten sich leichter aufrechterhalten.
- Sie können einander bei praktischen Problemen helfen.

- Dadurch wissen Sie schlicht und einfach, dass Sie nicht der einzige Hundebesitzer mit diesem Problem sind.

Trennungsangst-Training ist einfach, aber nicht leicht

Wenn man es richtig macht, hat das Trennungsangst-Training durch Desensibilisierung eine hervorragende Erfolgsbilanz. Es wird aber auch Zeiten geben, in denen Sie glauben, dass Sie Ihr Ziel nie erreichen werden. Wenn Sie sich mit anderen Besitzern austauschen, die ebenfalls mit diesem Training arbeiten, werden Sie sich nicht nur an die Tiefen, sondern auch an die Höhen dieses Prozesses erinnern, und das wird Ihnen vor allem dann helfen, wenn Sie gerade nicht weiterkommen. Wenn Sie eine aktive Gruppe von Hundebesitzern gefunden haben, die sich gegenseitig unterstützen, wird höchstwahrscheinlich irgendeiner von diesen Hundehaltern vor Mut und Optimismus nur so strotzen, während Sie gerade völlig fix und fertig sind. Und Sie können wiederum anderen Hundehaltern helfen, ihre Tiefpunkte zu überwinden.

Die beste Art zu lernen besteht darin, anderen etwas beizubringen

Auch wenn es sich beim Trennungsangst-Training um eine recht einfache Methode handelt, gibt es dabei doch viele Variablen, über die man sich Gedanken machen muss. Ein Bereich, in dem Ihnen Ratschläge und Informationen von anderen Hundebesitzern weiterhelfen können, ist zum Beispiel das Lesen der Körpersprache Ihres Hundes. Vier Augen sehen mehr als zwei! Ein anderer Hundehalter kann Sie vielleicht auf irgendetwas bringen, was Sie selbst übersehen haben, und Sie können sich irgendwann für seine Hilfe revanchieren. Wahrscheinlich wird es Ihnen auch besser gelingen, die Körpersprache Ihres Hundes richtig zu interpretieren, wenn Sie anderen Hundebesitzern bei der Einschätzung des Verhaltens ihrer Hunde helfen.

Alles wird erträglicher, wenn man sich gegenseitig Geschichten darüber erzählt

Obwohl Trennungsangst sicherlich ein ernstes Thema ist, hat sie auch ihre unterhaltsame Seite. Wenn man einmal darüber nachdenkt, verhalten wir Hundebesitzer uns schon ziemlich merkwürdig:

- Ihr Ausdauersport besteht darin, fünfzehnmal hintereinander die Wohnung zu verlassen und wieder reinzugehen – im Winter womöglich sogar ohne Mantel, weil Sie den Trainingsschritt »Mantel anziehen« noch nicht erreicht haben.
- Sie stehen auf der Straße, horchen angestrengt auf etwaige Lautäußerungen Ihres Hundes und flüstern Ihrem Nachbarn beruhigend zu, dass alles in Ordnung ist, Sie im Moment aber leider kein Schwätzchen mit ihm halten können, weil Sie sich darauf konzentrieren müssen, was Ihr Hund macht.
- Sie sitzen in einem Café und skypen mit Ihrem Laptop zu Hause, um Ihren Hund auszuspionieren (wer skypt schon mit sich selber?).
- Sie freuen sich so sehr darüber, Ihren Hund schlafen zu sehen, dass Sie die Bildschirmfotos davon mit Ihren Freunden teilen. »Schaut mal, ich war gerade draußen, und er hat die ganze Zeit geschlafen. IST DAS NICHT FANTASTISCH???« Wenn Ihre Freunde so denken wie

> die meisten Menschen, werden sie wahrscheinlich einen höflich-nachsichtigen Kommentar dazu abgeben und dabei denken: *Jetzt mach doch nicht so ein Theater. Das ist doch nur ein schlafender Hund!*

Für Besitzer eines Hundes mit Trennungsangst ist das der ganz normale Alltag. Aber keiner von den Leuten, die Sie kennen, wird Verständnis dafür haben. Wenn Sie schon mal eine der oben beschriebenen Situationen erlebt haben, sollten Sie sich mit anderen Besitzern von Trennungsangst-Hunden zusammentun – denn die werden Sie verstehen.

Hundebesitzer mit ähnlichen Problemen können sich gegenseitig bei der Stange halten

Es ist ungeheuer hilfreich, jemanden zu haben, der einen für die Erreichung seiner Ziele zur Verantwortung zieht. Normalerweise fragen alle Leute immer nur: »Wie lange wird das dauern?« Was ich an der Einstellung von Hundebesitzern, die ich miteinander in Kontakt bringe, so sehr liebe, ist die Tatsache, dass ihnen das irgendwann weniger wichtig wird als die Frage: »Wie kommt mein Hund vorwärts?«

Natürlich wollen solche Hundehalter auch wissen, wie lange es dauern könnte, bis sie diese Durststrecke endlich überwunden haben. Aber ich erlebe immer wieder, dass Hundebesitzer mit der Zeit eine wohltuende Veränderung durchmachen: Irgendwann lassen sie sich vor allem durch die Fortschritte ihres Hundes motivieren, statt an dem »Wann ist das endlich vorbei?«-Syndrom zu leiden.

Wenn Sie ein gutes Unterstützungsnetzwerk aus anderen Hundehaltern haben, werden Sie irgendwann feststellen, dass das Feiern der kleinen Etappensiege Sie dazu motiviert, das Endziel zu erreichen. Genauso ist es bei jeder Verhaltensänderung – zum Beispiel im Fitnessstudio, beim Abnehmen oder beim Erlernen einer neuen Sprache.

Gemeinsam lassen gute Gewohnheiten sich leichter aufrechterhalten

Trennungsangst-Training führt man am besten öfter in kleinen Portionen durch. Sie müssen es sich also zur Gewohnheit machen. Es wurde zwar schon viel darüber geschrieben, wie Gewohnheiten entstehen, aber Gemeinschaft und gegenseitige Rechenschaft spielen dabei eine wichtige Rolle. Es ist wahrscheinlicher, dass wir etwas tun, wenn die Menschen um uns herum das Gleiche tun. Und es ist auch wahrscheinlicher, dass wir ein neues Verhalten beibehalten, wenn andere Menschen, die wir kennen, uns dafür zur Rechenschaft ziehen.

Also schließen Sie sich einer Gruppe von Menschen an, die mit ihren Hunden das gleiche Training absolvieren wie Sie! Die Hundebesitzer, die ich betreue, erhalten alle Zugang zu einem Club und einem privaten Forum, in denen sie sich über ihre Fortschritte austauschen, ihrer Frustration Luft machen und mit anderen Menschen in Kontakt treten können, die das Gleiche durchmachen wie sie.

Auch wenn Ihre Hundehalter-Community nicht speziell auf das Thema Trennungsangst ausgerichtet ist, können Sie sich Kumpel suchen, die Ihnen helfen, konsequent bei Ihrem Trainingsprogramm zu bleiben. Informieren Sie sie über Ihren Plan und bitten Sie sie, Sie bei der Stange zu halten, wenn Sie mit dem Training Ihres Hundes gerade Schwierigkeiten haben.

Sie können einander bei praktischen Problemen helfen

Auch wenn Sie lediglich einer Online-Community von Trennungsangst-Hundebesitzern angehören, kann diese Gruppe Ihnen bei der Bewältigung praktischer Probleme helfen – vielleicht sogar in der Nähe Ihres Wohnorts. Zum Beispiel beim Abwesenheitsmanagement. Es wird Zeiten geben, in denen Sie in ein Dilemma geraten: Vielleicht ist irgendetwas Unerwartetes dazwischengekommen, oder ein Hundesitter hat abgesagt. Dann fragen Sie Ihre Online-Community ruhig, ob jemand Rat weiß.

Durch das Internet ist das Konzept der sechs Trennungsgrade sehr stark zusammengeschrumpft. Selbst wenn Sie in Tampa wohnen und Ihr Gesprächspartner in Toronto, kennt er vielleicht irgendjemanden, der wieder jemand anderen kennt, der Ihnen weiterhelfen kann. Oder er hat eine brillante, kreative Idee, auf die Sie noch nie gekommen sind. Oder – wer weiß – vielleicht wohnt sogar jemand aus Ihrer Online-Gruppe ganz in Ihrer Nähe und kann Ihnen helfen.

Dadurch wissen Sie schlicht und einfach, dass Sie nicht der einzige Hundebesitzer mit diesem Problem sind

Manchmal fühlt es sich vielleicht so an, als wären Sie der einzige Mensch mit einem Hund, der unter Trennungsangst leidet. Doch wenn Sie einer solchen Gruppe beitreten, werden Sie darüber staunen, wie viele andere Menschen das Gleiche durchmachen wie Sie.

Machen Sie sich das Training zur festen Gewohnheit

Die zweite Zutat meines geheimen Erfolgsrezepts besteht darin, dass Sie sich Ihr Trennungsangst-Training zur Gewohnheit machen sollten. Vielleicht haben Sie gehört, dass es ungefähr drei Wochen dauert, bis ein neues Verhalten zur Gewohnheit wird. Dabei gibt es eigentlich gar keinen Beweis für diese magische Zahl von 21 Tagen. Untersuchungen des University College in London zeigen, dass der Gewöhnungsprozess länger dauert – mindestens 70 Tage.

Das ist eine sehr wichtige Information, denn wir verlieren schnell die Geduld und erwarten, dass neue Verhaltensweisen uns viel rascher zur Gewohnheit werden, als es tatsächlich der Fall ist. Wenn wir damit rechnen, dass irgendetwas uns schon nach drei Wochen leichter fallen wird als vorher, könnten wir eine herbe Enttäuschung erleben. Wir müssen einer Verhaltensänderung mindestens zwei Monate Zeit geben, bevor sie wirklich zur Gewohnheit wird.

Nutzen Sie das Phänomen der Konditionierung

Konditionierungen helfen Ihnen bei der Entwicklung von Gewohnheiten. Denn dadurch wird Ihr Gehirn darauf aufmerksam gemacht: Es ist an der Zeit, dies oder jenes zu tun – zum Beispiel: »Führe das Training durch, bevor du das Abendessen zubereitest.« Durch die Verknüpfung dieser beiden Aktivitäten werden Sie darauf konditioniert, das Training jeden Abend zur gleichen Zeit – kurz vor dem Abendessen – fest einzuplanen, und die Zubereitung des Abendessens wird für Sie zum Signal: »Jetzt ist wieder Trainingszeit!«

Auch Belohnungen können uns dazu motivieren, etwas Bestimmtes zu tun, denn unser Gehirn ist darauf programmiert, auf Belohnungen zu reagieren. Das Problem besteht allerdings darin, dass wir eher sofortige Belohnungen zu schätzen wissen und keine, die wir vielleicht erst in ein paar Wochen, Monaten oder Jahren erhalten. Deshalb ist es so schwierig, für unsere Rente zu sparen oder ins Fitnessstudio zu gehen: Es dauert sehr lange, bis wir dafür belohnt werden.

Das Gleiche gilt auch für das Trennungsangst-Training. Wir müssen uns jetzt große Mühe damit geben, aber die Belohnung dafür (nämlich, dass wir unseren Hund eine Zeitlang allein lassen können) kommt erst viel später. Um bei diesem Training unsere Motivation nicht zu verlieren, sollten wir also mit kurzfristigen Belohnungen arbeiten. Hier ein paar Belohnungen, die ich meinen Klienten empfehle:

Direkt nach der Trainingseinheit:

- Gönnen Sie sich zur Abwechslung mal ein leckeres Dessert.
- Schauen Sie sich nach dem Training eine Folge Ihrer Lieblingsserie auf Netflix an.
- Geben Sie sich irgendeiner geistlosen Beschäftigung hin (zum Beispiel auf YouTube oder Facebook zu surfen).
- Und wenn Sie schon auf Facebook sind, können Sie bei dieser Gelegenheit auch gleich etwas Sinnvolles tun (zum Beispiel anderen Hundebesitzern von Ihren Trainingserfolgen berichten und sich von ihnen dazu beglückwünschen lassen).
- Nehmen Sie ein langes heißes Bad.

- Schenken Sie sich ein Glas Wein ein.
- Entscheiden Sie selbst! ______________

Nach einer Trainingswoche:

- Kaufen Sie sich das Top, das Sie sich schon so lange gewünscht hatten.
- Gehen Sie essen (entweder in ein Restaurant, wohin Sie Ihren Hund mitnehmen können, oder organisieren Sie einen Hundesitter).
- Bestellen Sie einen Hundesitter und gehen Sie ins Kino.
- Gönnen Sie sich eine Massage oder einen Wellnessaufenthalt.
- Engagieren Sie einen Hundesitter, um irgendetwas unternehmen zu können, was Sie schon seit Langem vermisst haben.
- Entscheiden Sie selbst! ______________

Machen Sie es sich leicht

Wenn Sie den Trainingsprozess so einfach wie möglich gestalten und Hindernisse aus dem Weg räumen, wird es Ihnen leichter fallen, Ihren guten Vorsätzen treu zu bleiben. Eine wissenschaftliche Untersuchung hat zum Beispiel gezeigt, dass Fitnessstudiomitglieder, die in der Nähe eines Fitnessstudios wohnen, mit größerer Wahrscheinlichkeit dort hingehen als diejenigen, die zwei Kilometer weiter weg wohnen. Eine andere Untersuchung ergab, dass Menschen eher ins Fitnessstudio gehen, wenn es direkt auf ihrem Weg zur Arbeit liegt.

Leichte Erreichbarkeit kann aber auch dazu führen, dass wir in schlechte Gewohnheiten verfallen. Denken Sie nur einmal daran, wie viel wahrscheinlicher es ist, dass Sie Schokolade essen, wenn sie auf der Küchentheke liegt, als wenn sie in einem Schrank aufbewahrt wird. Oder wie einfach Netflix es Ihnen macht, sich die nächste Folge Ihrer Lieblingsserie anzuschauen, indem es sie einfach automatisch abspielt!

Aus evolutionärer Sicht ist Faulheit etwas Sinnvolles: Wenn Sie auf Nahrungssuche sind und es schwierig ist, an Kalorien heranzukommen, macht es durchaus Sinn, Abkürzungen zu nehmen, statt etwas zu tun, was Anstrengung kostet.

Beim Trennungsangst-Training könnten Sie Ihren Aufwand zum Beispiel reduzieren, indem Sie sich eine spezielle Webcam anschaffen, die ständig installiert bleibt, oder Ihren Trainingsplan immer ausgedruckt und griffbereit bei sich haben.

Erledigen Sie es so früh wie möglich

Je länger der Tag dauert, umso mehr Hindernisse können Ihrem Training in die Quere kommen. Vielleicht ist es nicht sinnvoll, gleich morgens mit dem Trennungsangst-Training zu beginnen. Aber wenn Sie abends mit Ihrem Hund trainieren wollen – warum tun Sie es dann nicht vor dem Abendessen, dem Fernsehen, den Yoga-Übungen oder was auch immer Sie an diesem Abend sonst noch vorhaben?

Machen Sie sich Aufzeichnungen über Ihr Training

Wenn Sie sich Notizen über Ihre Fortschritte machen, sehen Sie, wie weit Sie inzwischen schon gekommen sind – selbst wenn Sie gerade das Gefühl haben, auf der Stelle zu treten. Also dokumentieren Sie Ihr Training, um Ihre Fortschritte erkennen zu können.

Ertappen Sie sich bei Ihren Ausreden

Oft finden wir immer wieder die gleichen Gründe dafür, etwas nicht zu tun. Es gibt stets irgendetwas anderes, was wir stattdessen tun könnten. Doch nach Meinung von Experten können wir solchen Ausreden den Wind aus den Segeln nehmen, indem wir anfangen, typische Muster darin zu erkennen.

Gehen Sie liebevoll mit sich selbst um

Selbstkritik ist ein echter Motivationskiller. Unsere kritische innere Stimme kann unseren Enthusiasmus sehr leicht zunichtemachen.

Was macht es denn schon aus, dass Sie bereits vor Monaten mit dem Trennungsangst-Training hätten beginnen sollen? Und wen stört es, wenn Sie nicht ganz so oft mit Ihrem Hund trainieren, wie Sie eigentlich sollten? Die Hauptsache ist, dass es auf Ihrer Liste steht. Sie haben sich fest vorgenommen, etwas gegen die Trennungsangst Ihres Hundes zu tun. Und wie Sie einem Freund, der in der gleichen Lage ist, sicherlich sagen würden: Jeder fängt einmal an.

Statt sich dafür zu kritisieren, was Sie versäumt haben, gehen Sie lieber freundlich und verständnisvoll mit sich selbst um und halten Sie sich zugute, dass es schwierig ist, Trennungsangst zu bekämpfen. Sie verdienen Anerkennung dafür, überhaupt zuzugeben, dass Ihr Hund unter Trennungsangst leidet. Viele Menschen tun nicht einmal das.

Konzentrieren Sie sich nicht auf das Ergebnis, sondern auf den Prozess!

Wie James Clear in seinem Buch *Die 1 %-Methode* schreibt, verfolgen Gewinner und Verlierer die gleichen Ziele.

Jeder Besitzer eines Hundes mit Trennungsangst möchte, dass sein Tier dieses Problem überwindet. Dieses Ziel allein hilft uns jedoch noch lange nicht, die nötige Motivation für das Training aufzubringen. Viel motivierender ist es, auf die kleinen Erfolge – die winzigen Veränderungen – zu achten und diese zu feiern. Jeder Schritt, der Sie dem Ziel näherbringt, Ihren Hund endlich allein lassen zu können, ist ein Erfolg.

Zusammenfassung

- Sie stehen mit dem Kampf gegen die Trennungsangst Ihres Hundes nicht allein da. Es wird Ihnen viel besser gehen, wenn Sie sich als Teil einer Gemeinschaft von Hundebesitzern fühlen, die das Gleiche durchmachen wie Sie. Also treten Sie Gruppen und Online-Programmen bei, fragen Sie andere Hundebesitzer im Stadtpark um Rat usw.! Wichtig ist nur, dass Sie nach Menschen suchen, die Verständnis für dieses Problem haben.
- Es braucht ein ganzes Dorf, um Trennungsangst zu bekämpfen.
- Machen Sie sich das Training zur Gewohnheit, dann werden Sie es mit größerer Wahrscheinlichkeit durchhalten.

SCHLUSSWORT

Warum gibt es keine schnellen Lösungen für das Trennungsangst-Problem?

Viele Menschen empfinden das Trennungsangst-Training als mühsam. Vielleicht liegt das daran, dass wir dabei versuchen, etwas an den Emotionen unseres Hundes zu verändern.

Hoffentlich sind Sie sich inzwischen darüber im Klaren, dass Ihr Hund nicht böse oder wütend ist, wenn Sie ihn allein lassen. Hunde bellen oder machen Sachen kaputt, weil sie Angst haben. Es ist leicht, Angst zu entwickeln, aber man wird sie nur schwer wieder los. Das gilt vor allem für die Angst eines Hundes vor dem Alleinsein.

Diese Angst bekommt man nicht in den Griff, indem man einfach nur ihre Symptome bekämpft: Man muss etwas gegen die *Ursache* der Angst tun.

Jeder, der Ihnen eine schnelle Lösung für das Trennungsangst-Problem verkaufen möchte, versteht nicht, wie Hunde auf Angst reagieren – oder noch schlimmer: Er versucht Sie hinters Licht zu führen.

Es gibt vielleicht keine schnelle Lösung, aber Trennungsangst-Training hat eine hohe Erfolgsquote.

Sie können dafür sorgen, dass Ihr Hund sich allein zu Hause wohler fühlt. Sie können ihm seine Trennungsangst nehmen. Das Training wird zwar nicht dazu führen, dass er von heute auf morgen mit seinem Gebell aufhört – aber wenn Sie durchhalten, wird es Ihnen früher oder später gelingen, ihm das Bellen abzugewöhnen.

> Es gibt vielleicht keine schnelle Lösung, aber Trennungsangst-Training hat eine hohe Erfolgsquote.

Die Sorge, von Ihrem Vermieter hinausgeworfen zu werden oder in eine völlig verwüstete Wohnung zu kommen, ist das schlimmste Gefühl, das man sich vorstellen kann. Das weiß ich aus eigener Erfahrung. Was können Sie also tun, wenn die Nachbarn sich über Ihren Hund beschweren und Sie sofort etwas unternehmen müssen? Da das Gebell nur aufhört, wenn Ihr Hund keine Angst mehr hat, bleibt Ihnen – wenn Sie sein Bellen sofort unterbinden müssen – nur die Möglichkeit, ihn nicht mehr allein zu lassen.

Ich weiß, dass Ihnen das auf den ersten Blick nahezu unmöglich erscheint, aber suchen Sie nach Hilfe und versuchen Sie dabei kreative Wege zu gehen! Viele Besitzer glauben anfangs, es nicht schaffen zu können, finden aber dann doch sehr bald eine geeignete Betreuung für ihren Hund.

Das muss nicht unbedingt ein professioneller Hundesitter oder eine Tagesstätte sein. Wie wäre es mit einem Rentner? Oder einem Studenten? Oder vielleicht haben Sie Freunde mit Kindern, für die Sie babysitten können und die als Gegenleistung dafür ab und zu auf Ihren Hund aufpassen. Egal was Sie sich einfallen lassen – es wird Ihnen und Ihrem Hund die dringend benötigte Auszeit von dem Problem verschaffen.

Als Nächstes können Sie Ihren Hund mithilfe eines Desensibilisierungstrainings allmählich ans Alleinsein gewöhnen. Und sobald seine Angst verschwunden ist, legt sich auch das damit einhergehende Problemverhalten. Wenn Ihnen jemand sagt, dass es eine andere Möglichkeit gibt, Ihrem Hund das Gebell abzugewöhnen, hören Sie nicht auf ihn!

Und was ist mit Anti-Bell-Halsbändern?

Die Hersteller von Anti-Bell-Halsbändern versprechen, dass ihre Produkte dem Hund »das Bellen sofort abgewöhnen« und zu »schnellen Erfolgen« führen. Aber diese Produkte unterliegen keinerlei gesetzlichen Bestimmungen, sodass diese Unternehmen ihren Kunden versprechen können, was sie wollen.

Außerdem verschweigt die Werbung, dass Anti-Bell-Halsbänder zu den sogenannten aversiven Hundetrainingsmethoden gehören. Mit anderen Worten: Sie versuchen das Verhalten des Hundes zu ändern, indem sie ihm Angst einjagen.

Aber ich habe gelesen, dass Anti-Bell-Halsbänder dem Hund nur einen statischen Schock verabreichen! Das ist das, was die Werbeexperten Ihnen einzureden versuchen. Aber leider erfüllen diese Halsbänder ihren Zweck nur dann, wenn sie dem Hund genügend Schmerz zufügen – und sie ändern nichts an seiner Angst.

Hier ein Beispiel dazu: Haben Sie schon mal versucht, auf Ihren Lieblingsschokoriegel oder Ihre Lieblingsschokolade zu verzichten? Angenommen, Sie würden mich bitten: »Julie, jedes Mal, wenn ich mich in die Nähe von Schokolade begebe, müssen Sie mich daran hindern«, und ich würde Ihnen daraufhin sagen, dass Sie jedes Mal, wenn Sie in die Küche gehen, um sich Schokolade zu holen, einen statischen Schock bekommen werden – so ähnlich, wie man ihn sich bei trockenem Wetter holt, wenn man ein Kleidungsstück aus Synthetikfasern anzieht. Wird ein statischer Schock Sie davon abhalten, zu Ihrer Lieblingsschokolade zu greifen, die Sie schon seit Wochen nicht mehr gegessen haben und nach der Sie sich so furchtbar sehnen? Natürlich nicht.

Aber wenn ich Ihnen einen richtigen Stromschlag verpasse, würden Sie dann auf die Schokolade verzichten? Wahrscheinlich schon. Das Argument mit dem statischen Schock ist also ein Märchen. Anti-Bell-Halsbänder und andere Vorrichtungen, die Ihrem Hund Schocks versetzen, ändern sein Verhalten nur, indem sie ihm Schmerzen zufügen und ihn erschrecken.

Vielleicht können sie das unerwünschte Verhalten tatsächlich unterbinden, aber sie tragen nicht dazu bei, dass Ihrem Hund das Alleinsein weniger ausmacht. Ganz im Gegenteil: Er wird sich dann sogar noch mehr fürchten, wenn Sie aus dem Haus gehen, denn jetzt hat er nicht nur Angst vor dem Alleinsein, sondern auch noch vor einem elektrischen Schlag, wenn er es wagt zu bellen, um Ihnen zu signalisieren, dass er einsam ist.

Unzerstörbare Boxen

Sogenannte unzerstörbare Hundeboxen werden oft als schnelle Lösung zur Beseitigung von Trennungsangst angepriesen.

Solche Boxen können Ihren Hund vielleicht davon abhalten, die Holzdielen Ihres Fußbodens aufzureißen, aber sie werden ihm seine Angst nicht abgewöhnen.

Selbst wenn die Box intakt bleibt (obwohl ich auch schon erlebt habe, dass Hunde sie genauso in ihre Bestandteile zerlegen wie normale Boxen), wird Ihr Hund dadurch höchstwahrscheinlich einen physischen oder psychischen Schaden davontragen.

Was können Sie heute gegen die Trennungsangst Ihres Hundes tun?

Zunächst einmal sollten Sie kein schlechtes Gewissen haben, wenn Sie sich durch cleveres Marketing dazu verleiten lassen haben, ein Produkt zu kaufen, das für Ihren Hund nicht geeignet ist. Das ist nicht Ihre Schuld.

Und dann beginnen Sie mit dem Training. Je eher Sie damit anfangen, umso eher wird Ihr Hund sich seine Angst vor dem Alleinsein abgewöhnen.

Das ist kein einfacher Weg – aber es lohnt sich! Wenn ich heute das Haus verlasse und weiß, dass Percy sich während meiner Abwesenheit einfach zusammenrollt und ruhig liegen bleibt, ist das ein wunderbares Gefühl. Ich glaube nicht, dass es jemals seinen Reiz für mich verlieren wird.

Es gab schon sehr viele Hundebesitzer, die genau wie Sie glaubten, dass ihr Hund nie über seine Trennungsangst hinwegkommen würde. Und obwohl es für Verhaltensänderungen niemals eine Garantie geben kann, funktioniert das Trennungsangst-Training doch bei sehr vielen Hunden.

Es gibt also durchaus Hoffnung für Sie und Ihren vierbeinigen Freund!

Fallbeispiel

Jemma, Matt und Gumbo

Ein Beweis dafür, dass man die Hoffnung niemals aufgeben darf

Selbst nach umfangreichen Recherchen und Schulungen für die Aufzucht eines Welpen mussten Jemma und Matt feststellen, dass Gumbo (alias Bo) sich nicht so entwickelte, wie sie es nach ihrer gründlichen Vorbereitungsarbeit erwartet hatten. Obwohl er ein hellwacher, energiegeladener Hund (ein typischer Vizsla) war, hatten sie nicht damit gerechnet, dass er durch ihre Bemühungen, ihn ans Alleinsein zu gewöhnen, so ängstlich werden würde.

Bo zeigte keine eindeutigen Anzeichen von Trennungsangst. Nach acht langen Monaten, in denen Jemma sich umhörte und zu verstehen versuchte, was bei ihrem Hund falsch lief, stieß sie auf meine Facebook-Gruppe und hörte sich meine Podcasts an. Und das war der Wendepunkt: Jetzt begriff Jemma, dass Bo tatsächlich unter Trennungsangst litt.

Daraufhin begannen die beiden ihr Leben so umzuorganisieren, dass der Hund nicht mehr allein zu bleiben brauchte. Jemma opferte ihren ganzen kostbaren Urlaub, um bei Bo zu Hause zu bleiben, und Matt arbeitete von zu Hause aus, wann immer er konnte.

Außerdem buchte sie einen Beratungstermin bei mir. Während der Videobeurteilung rannte Bo schon in den ersten Sekunden zur Tür, kratzte daran und winselte. Er schien wirklich an sehr schlimmer Trennungsangst zu leiden.

Jemma gibt selbst zu, dass sie eine ziemliche ausgeprägte Typ-A-Persönlichkeit ist – entschlossen und stets perfekt organisiert. Man muss zwar nicht unbedingt so sein, um mit dem Trennungsangst-Training eines Hundes Erfolg zu haben, aber es ist eindeutig von Vorteil. Während unseres Beratungsgesprächs machte sie sich ausführliche Notizen und stellte verschiedene Fragen. Ich merkte sofort, dass ihr die Lösung dieses Problems sehr am Herzen lag!

Und sie hatte auch ein klar definiertes Ziel: Sie und Matt wollten wieder zu ihrem normalen Arbeitsleben zurückkehren. Dazu musste Bo sechs Stunden lang allein in der Wohnung bleiben. Das war eine große Herausforderung für einen Hund, der es bis dahin kaum zwölf Sekunden lang alleine ausgehalten hatte.

Jemma und Matt trainierten mit ihrem Hund – und zwar sehr oft. In den ersten Tagen erlebten sie ein paar Rückschläge, doch schließlich gelang ihnen der Durchbruch. Allmählich verkraftete Bo immer längere Abwesenheiten, und ich bekam immer optimistischere Nachrichten von ihnen: »Hey, Julie. Er hat gerade eine Stunde geschafft!« und »Stell dir vor, Julie, er hat tatsächlich ganze vier Stunden durchgehalten!«

Als Nächstes schaffte Bo fünf Stunden und schließlich sechs. Ich freute mich so sehr für Jemma und Matt! Endlich hatten sie die Abwesenheitsdauer von sechs Stunden erreicht, die sie brauchten, und vier Monate später konnten beide wieder in ihr normales Arbeitsleben einsteigen. Vor und nach den Abwesenheitszeiten bekam Bo viel Bewegung und Beschäftigung. Seine Zeit allein zu Hause brachte er damit zu, auf dem Sofa zu dösen und hin und wieder in der Wohnung herumzulaufen. Es war ein wunderschönes Erfolgserlebnis, auf Videos zu beobachten, wie dieser früher so gestresste Hund nun fröhlich und entspannt in der Wohnung abhing, während Herrchen und Frauchen in der Arbeit waren.

Jemma, Matt und Bo sind der beste Beweis dafür, dass es Hoffnung auf ein Leben nach der Trennungsangst gibt.

ANHANG A

Mustertrainingspläne

Hier finden Sie ein paar Beispiele für Trennungsangst-Trainingspläne, an denen Sie sich orientieren können. Denken Sie daran, sich dabei immer an das Tempo Ihres Hundes zu halten und unterhalb seiner Angstschwelle zu bleiben!

Jeder dieser Trainingspläne beruht auf der Einschätzung, wie lange Abwesenheitszeiten Ihr Hund verkraften kann. Aber arbeiten Sie diese Pläne nicht der Reihe nach ab! Sobald Sie den ersten Plan auf der Basis der Abwesenheitszeit, die man Ihrem Hund zumuten kann, erfolgreich absolviert haben, erstellen Sie den nächsten Plan. Auf Seite 125 erfahren Sie, wie man dabei vorgeht.

(PDF-Dateien dieser Mustertrainingspläne finden Sie unter www.penguin.de/naismith-trennungsangst)

Basisbeurteilung: weniger als 30 Sekunden

Wenn Ihr Hund bei der Basisbeurteilung weniger als 30 Sekunden allein bleiben kann, arbeiten Sie zunächst an Ihren Aufbruchssignalen oder desensibilisieren Sie ihn gegenüber der Tür (siehe Seite 149).

Basisbeurteilung: 30 Sekunden

Verzichten Sie auf alle vermeidbaren Aufbruchssignale (siehe ab Seite 110), verlassen Sie die Wohnung für die unten angegebenen Zeiträume und kommen Sie dann wieder zurück.

Schritt 1	2 Sekunden
Schritt 2	10 Sekunden
Schritt 3	5 Sekunden
Schritt 4	15 Sekunden
Schritt 5	5 Sekunden
Schritt 6	25 Sekunden
Schritt 7	15 Sekunden
Schritt 8	10 Sekunden
Schritt 9	20 Sekunden
Schritt 10	30 Sekunden

Basisbeurteilung: 50 Sekunden

Verzichten Sie auf alle vermeidbaren Aufbruchssignale, verlassen Sie die Wohnung für die unten angegebenen Zeiträume und kehren Sie dann wieder zurück.

Schritt 1	10 Sekunden
Schritt 2	5 Sekunden
Schritt 3	30 Sekunden
Schritt 4	5 Sekunden
Schritt 5	25 Sekunden
Schritt 6	10 Sekunden
Schritt 7	15 Sekunden
Schritt 8	20 Sekunden
Schritt 9	50 Sekunden

Basisbeurteilung: 1 Minute und 15 Sekunden

Verzichten Sie auf alle vermeidbaren Aufbruchssignale, verlassen Sie die Wohnung für die unten angegebenen Zeiträume und kehren Sie dann wieder zurück.

Schritt 1	10 Sekunden
Schritt 2	5 Sekunden
Schritt 3	10 Sekunden
Schritt 4	2 Sekunden
Schritt 5	20 Sekunden
Schritt 6	25 Sekunden
Schritt 7	15 Sekunden
Schritt 8	35 Sekunden
Schritt 9	20 Sekunden
Schritt 10	1 Minute und 15 Sekunden

Basisbeurteilung: 1 Minute und 45 Sekunden

Verzichten Sie auf alle vermeidbaren Aufbruchssignale, verlassen Sie die Wohnung für die unten angegebenen Zeiträume und kehren Sie dann wieder zurück.

Schritt 1	5 Sekunden
Schritt 2	15 Sekunden
Schritt 3	10 Sekunden
Schritt 4	30 Sekunden
Schritt 5	5 Sekunden
Schritt 6	15 Sekunden
Schritt 7	45 Sekunden
Schritt 8	20 Sekunden
Schritt 9	1 Minute und 45 Sekunden

Basisbeurteilung: 2 Minuten und 15 Sekunden

Verzichten Sie auf alle vermeidbaren Aufbruchssignale, verlassen Sie die Wohnung für die unten angegebenen Zeiträume und kehren Sie dann wieder zurück.

Schritt 1	10 Sekunden
Schritt 2	20 Sekunden
Schritt 3	15 Sekunden
Schritt 4	5 Sekunden
Schritt 5	30 Sekunden
Schritt 6	10 Sekunden
Schritt 7	50 Sekunden
Schritt 8	15 Sekunden
Schritt 9	20 Sekunden
Schritt 10	2 Minuten und 15 Sekunden

Basisbeurteilung: 3 Minuten

Verzichten Sie auf alle vermeidbaren Aufbruchssignale, verlassen Sie die Wohnung für die unten angegebenen Zeiträume und kehren Sie dann wieder zurück.

Schritt 1	5 Sekunden
Schritt 2	15 Sekunden
Schritt 3	10 Sekunden
Schritt 4	20 Sekunden
Schritt 5	5 Sekunden
Schritt 6	10 Sekunden
Schritt 7	55 Sekunden
Schritt 8	25 Sekunden
Schritt 9	3 Minuten

Basisbeurteilung: 3 Minuten und 30 Sekunden

Verzichten Sie auf alle vermeidbaren Aufbruchssignale, verlassen Sie die Wohnung für die unten angegebenen Zeiträume und kehren Sie dann wieder zurück.

Schritt 1	10 Sekunden
Schritt 2	25 Sekunden
Schritt 3	5 Sekunden
Schritt 4	20 Sekunden
Schritt 5	10 Sekunden
Schritt 6	25 Sekunden
Schritt 7	15 Sekunden
Schritt 8	35 Sekunden
Schritt 9	20 Sekunden
Schritt 10	3 Minuten und 30 Sekunden

Basisbeurteilung: 5 Minuten

Verzichten Sie auf alle vermeidbaren Aufbruchssignale, verlassen Sie die Wohnung für die unten angegebenen Zeiträume und kehren Sie dann wieder zurück.

Schritt 1	10 Sekunden
Schritt 2	5 Sekunden
Schritt 3	25 Sekunden
Schritt 4	30 Sekunden
Schritt 5	10 Sekunden
Schritt 6	15 Sekunden
Schritt 7	20 Sekunden
Schritt 8	1 Minute
Schritt 9	5 Minuten

Basisbeurteilung: 7 Minuten

Verzichten Sie auf alle vermeidbaren Aufbruchssignale, verlassen Sie die Wohnung für die unten angegebenen Zeiträume und kehren Sie dann wieder zurück.

Schritt 1	10 Sekunden
Schritt 2	20 Sekunden
Schritt 3	5 Sekunden
Schritt 4	1 Minute
Schritt 5	15 Sekunden
Schritt 6	2 Minuten
Schritt 7	15 Sekunden
Schritt 8	35 Sekunden
Schritt 9	20 Sekunden
Schritt 10	7 Minuten

Basisbeurteilung: 10 Minuten

Verzichten Sie auf alle vermeidbaren Aufbruchssignale, verlassen Sie die Wohnung für die unten angegebenen Zeiträume und kehren Sie dann wieder zurück.

Schritt 1	5 Sekunden
Schritt 2	15 Sekunden
Schritt 3	3 Minuten
Schritt 4	10 Sekunden
Schritt 5	5 Sekunden
Schritt 6	20 Sekunden
Schritt 7	1 Minute
Schritt 8	10 Minuten

Basisbeurteilung: 15 Minuten

Verzichten Sie auf alle vermeidbaren Aufbruchssignale, verlassen Sie die Wohnung für die unten angegebenen Zeiträume und kehren Sie dann wieder zurück.

Schritt 1	10 Sekunden
Schritt 2	25 Sekunden
Schritt 3	5 Sekunden
Schritt 4	3 Minuten
Schritt 5	20 Sekunden
Schritt 6	15 Minuten

Basisbeurteilung: 20 Minuten

Verzichten Sie auf alle vermeidbaren Aufbruchssignale, verlassen Sie die Wohnung für die unten angegebenen Zeiträume und kehren Sie dann wieder zurück.

Schritt 1	5 Sekunden
Schritt 2	25 Sekunden
Schritt 3	15 Sekunden
Schritt 4	2 Minuten
Schritt 5	5 Sekunden
Schritt 6	20 Minuten

Basisbeurteilung: 25 Minuten

Verzichten Sie auf alle vermeidbaren Aufbruchssignale, verlassen Sie die Wohnung für die unten angegebenen Zeiträume und kehren Sie dann wieder zurück.

Schritt 1	5 Sekunden
Schritt 2	1 Minute und 30 Sekunden
Schritt 3	5 Sekunden
Schritt 4	1 Minute
Schritt 5	30 Sekunden
Schritt 6	25 Minuten

Basisbeurteilung: 30 Minuten

Verzichten Sie auf alle vermeidbaren Aufbruchssignale, verlassen Sie die Wohnung für die unten angegebenen Zeiträume und kehren Sie dann wieder zurück.

Schritt 1	10 Sekunden
Schritt 2	45 Sekunden
Schritt 3	5 Minuten
Schritt 4	30 Sekunden
Schritt 5	30 Minuten

Hier finden Sie die Trainingspläne zum Downloaden

ANHANG B

Zusätzliche Trainingspläne

Das »Zaubermattenspiel« für übermäßig anhängliche Hunde

Mit dem Zaubermattenspiel können Sie Ihrem Hund beibringen, dass es viel angenehmer ist, auf seiner Matte zu bleiben, als Ihnen überallhin nachzulaufen.

Dazu brauchen Sie Folgendes:

- Eine Matte, die Sie nur für dieses Training verwenden (und die Sie wegräumen, wenn Sie Ihren Hund gerade nicht trainieren)
- Viele tolle Leckerlis und
- Den Trainingsplan (der in diesem Anhang beschrieben wird) und das Demo-Video *Magic Mat Training*, welches Sie auf www.berightbackthebook.com finden.

So geht man bei dem Training vor:

Regeln für die »Benotung« Ihres Hundes:
Arbeiten Sie immer in Gruppen von fünf Übungsschritten; das heißt, jeder Schritt wird fünfmal hintereinander wiederholt.

- Wenn Ihr Hund bei vier oder fünf von fünf Übungsschritten alles richtig gemacht hat, gehen Sie zum nächsten Schritt weiter.
- Wenn Ihr Hund bei drei von fünf Übungsschritten alles richtig gemacht hat, wiederholen Sie den aktuellen Schritt noch einmal.
- Wenn Ihr Hund bei einem oder zwei von fünf Übungsschritten alles richtig gemacht hat, gehen Sie noch einmal zum vorigen Schritt zurück.
- Belohnen Sie Ihren Hund immer nur, wenn er liegt. Falls er aufsteht, wenn Sie nach einer Ablenkung zu einem Leckerli greifen, bringen Sie ihn zuerst wieder in die Liegeposition zurück, bevor Sie ihm das Leckerli geben.

Je öfter Sie das üben, umso magischer wird die Anziehungskraft dieser Matte auf ihren Hund sein. Immer wenn Sie die Matte herausnehmen, wird er sofort darauf zulaufen. Das liegt daran, dass er die Matte aufgrund des Belohnungstrainings mit Leckerlis assoziiert!

Sobald er sich dieses Verhalten angewöhnt hat, können Sie die Matte überallhin mitnehmen – zum Beispiel zu Tierarztbesuchen, Besuchen bei Freunden oder sogar ins Restaurant (sofern Hunde dort erlaubt sind).

Gehen Sie bei diesem Training nach folgendem Plan vor:

Schritt	Was muss der Hund tun, um sein Leckerli zu bekommen?	Wie viele von fünf Übungsschritten hat er richtig ausgeführt?
1.	Der Hund soll 1 Sekunde lang liegen bleiben. Halten Sie das Leckerli ungefähr 60 cm von ihm entfernt auf der Höhe seiner Nase.	
2.	Der Hund soll 3 Sekunden lang liegen bleiben. Halten Sie das Leckerli ungefähr 60 cm von ihm entfernt auf der Höhe seiner Nase.	
3.	Der Hund soll 1 Sekunde lang liegen bleiben. Das Leckerli liegt 60 bis 90 cm von ihm entfernt auf dem Boden. (Falls er sich darauf zubewegt, decken Sie es mit der Hand ab oder greifen Sie danach, sodass er es sich nicht nehmen kann.)	
4.	Der Hund soll 3 Sekunden lang liegen bleiben. Das Leckerli liegt 60 bis 90 cm von ihm entfernt auf dem Boden.	
5.	(Stellen Sie sich rechts oder links neben den Hund.) Er soll eine Sekunde lang liegen bleiben. Das Leckerli liegt 60 bis 90 cm von ihm entfernt auf dem Boden.	
6.	(Stellen Sie sich rechts oder links neben den Hund.) Er soll 3 Sekunden lang liegen bleiben. Das Leckerli liegt 60 bis 90 cm von ihm entfernt auf dem Boden.	
7.	Der Hund soll liegen bleiben, während Sie einen Schritt zur Seite machen und dann wieder zurückkommen.	

Schritt	Was muss der Hund tun, um sein Leckerli zu bekommen?	Wie viele von fünf Übungsschritten hat er richtig ausgeführt?
8.	Der Hund soll liegen bleiben, während Sie 2 Schritte zur Seite machen und dann wieder zurückkommen.	
9.	Der Hund soll liegen bleiben, während Sie 3 Schritte um ihn herumgehen und dann wieder zurückkommen.	
10.	Der Hund soll liegen bleiben, während Sie halb um ihn herumgehen und dann wieder zurückkommen.	
11.	Der Hund soll liegen bleiben, während Sie ganz um ihn herumgehen.	
12.	Wiederholen Sie Schritt 7–11 in umgekehrter Richtung.	
13.	Der Hund soll liegen bleiben, während Sie ungefähr 2 m durchs Zimmer gehen und dann gleich wieder zurückkommen.	
14.	Der Hund soll liegen bleiben, während Sie bis zur Tür gehen und dann gleich wieder zurückkommen.	
15.	Der Hund soll liegen bleiben, während Sie das Zimmer verlassen, in den Flur gehen und dann gleich wieder zurückkommen.	
16.	Der Hund soll liegen bleiben, während Sie das Zimmer verlassen, die Tür hinter sich schließen und dann gleich wieder zurückkommen.	
17.	Der Hund soll liegen bleiben, während Sie ins Nebenzimmer gehen und dann gleich wieder zurückkommen.	

Schritt	Was muss der Hund tun, um sein Leckerli zu bekommen?	Wie viele von fünf Übungsschritten hat er richtig ausgeführt?
18.	Der Hund soll liegen bleiben, während Sie ins Nebenzimmer gehen, die Tür hinter sich schließen und dann gleich wieder zurückkommen.	
19.	Der Hund soll liegen bleiben, während Sie bis zur Tür gehen und dann gleich wieder zurückkommen.	
20.	Der Hund soll liegen bleiben, während Sie aus dem Zimmer in den Flur gehen und dann gleich wieder zurückkommen.	
21.	Der Hund soll liegen bleiben, während Sie das Zimmer verlassen, die Tür hinter sich schließen und dann gleich wieder zurückkommen.	
22.	Der Hund soll liegen bleiben, während Sie ins Nebenzimmer gehen und dann gleich wieder zurückkommen.	
23.	Der Hund soll liegen bleiben, während Sie ins Nebenzimmer gehen, die Tür hinter sich schließen und dann gleich wieder zurückkommen.	

Das Einmaleins der Stubenreinheit für Welpen

In Kapitel 1 sind wir darauf eingegangen, dass das Verschmutzen der Wohnung, wenn man den Hund allein lässt, ein wichtiges Anzeichen für Trennungsangst ist. Aber denken Sie daran, dass solche Missgeschicke in der Wohnung nur dann als Trennungsangstzeichen zu werten sind, wenn sie dem Hund während Ihrer Abwesenheit passieren und er ansonsten stubenrein ist!

Vielleicht stellen Sie aber auch fest, dass diese kleinen Malheure nicht auf Angst zurückzuführen sind, sondern dass es sich dabei einfach nur um Rückschritte bei seiner Stubenreinheit handelt. Oder Ihr Hund ist noch im Welpenalter und braucht einen kleinen »Auffrischungskurs« in Sachen Sauberkeit.

In diesem Fall kann mein »Einmaleins der Stubenreinheit für Welpen« Ihnen bei der Lösung dieses frustrierenden Problems helfen.

Weil es dabei um Hunde ohne Angstprobleme geht, gehe ich davon aus, dass Ihr Hund oder Welpe kein Problem damit hat, in seiner Box zu bleiben. Wenn er das noch nicht gelernt hat, sollten Sie zunächst mit dem Boxentraining beginnen.

Zur Erinnerung: Diese Trainingsmethode eignet sich nur für nicht ängstliche Welpen! Sie funktioniert nicht, wenn Ihr Welpe Angst vor der Box hat oder seine Box beschmutzt, weil er in Panik gerät, wenn man ihn allein lässt.

Dazu brauchen Sie Folgendes:

- Eine Box, die nur so groß ist, dass Ihr Welpe sich darin bequem hinlegen kann
- Einen Zeitplan für das Gassigehen
- Leckerlis als Belohnung beim Gassigehen
- Eine gute Beobachtungsgabe, um Missgeschicken in der Wohnung vorzubeugen, und
- Geduld.

Schritt Nr. 1: Sperren Sie ihn in die Box

Sperren Sie Ihren Welpen oder Hund immer dann in die Box, wenn Sie nicht da sind oder ihn nicht aktiv beaufsichtigen können (zum Beispiel, wenn Sie gerade im Haus zu tun haben, schlafen usw.).

Dadurch erziehen sie ihn dazu, durchzuhalten und sein Geschäft später draußen zu erledigen. Wenn die Box Ihres Welpen zu groß ist, könnte er in Versuchung geraten, sich in der Box zu erleichtern, denn dann kann er das eine Ende zum Liegen und das andere als »Toilette« benutzen. Welpen gehen fast noch lieber in eine verschmutzte Box als in eine saubere, also denken Sie daran, sofort sauber zu machen, falls ihm in seiner Box ein Missgeschick passiert sein sollte.

Schritt Nr. 2: Legen Sie einen Zeitplan fürs Gassigehen fest

Geben Sie Ihrem Welpen einen festen Zeitplan für seine Mahlzeiten und für das Gassigehen vor. Wenn Sie länger als vier Stunden weg sind, sollte in der Zwischenzeit jemand zu Ihnen nach Hause kommen, um ihn auszuführen.

Ein typischer Gassigeh-Zeitplan für das Sauberkeitstraining von Welpen sieht folgendermaßen aus:

- Morgens als Allererstes und dann jedes Mal, wenn Ihr Welpe von einem Schläfchen aufwacht.
- Nach jeder Mahlzeit, denn zu diesem Zeitpunkt haben Welpen oft Stuhlgang. Sie werden den Rhythmus Ihres Welpen durch Beobachtung kennenlernen.
- Je nach Alter des Welpen alle 30 bis 90 Minuten.

- Bringen Sie den Welpen zum Gassigehen jedes Mal an dieselbe Stelle, damit er sie mit diesem Zweck assoziiert.
- Treten Sie dabei nicht mit dem Welpen in Interaktion. Lassen Sie ihn einfach in Ruhe sein Geschäft erledigen.
- Wenn sich nach fünf Minuten immer noch nichts getan hat, bringen Sie ihn ins Haus zurück. Sperren Sie ihn wieder für 30 Minuten in seine Box und versuchen Sie es dann noch einmal.
- Wenn er sein Geschäft verrichtet hat, darf er unter Aufsicht frei in der Küche oder in einem umgrenzten Bereich herumlaufen oder (noch besser) einen schönen Spaziergang machen. Das ist seine Belohnung dafür, dass er die gewünschte Leistung erbracht hat.
- Mit einem sehr jungen Welpen (6–8 Wochen) muss man vielleicht auch nachts noch einmal Gassi gehen.

Schritt Nr. 3: Seien Sie großzügig mit Belohnungen

Jedes Mal, wenn Ihr Welpe draußen sein Geschäft verrichtet, loben Sie ihn überschwänglich und geben ihm eines seiner Lieblingsleckerlis. Falls das Lob ihn dazu veranlasst, mitten in seinem Geschäft aufzuhören, warten Sie damit so lange, bis er fertig ist.

Schritt Nr. 4: Schärfen Sie Ihre Beobachtungsgabe

Welpen senden Signale aus, bevor sie ihre Notdurft verrichten. Wenn Sie diese Signale kennen, können Sie Missgeschicke in der Wohnung oft noch in letzter Minute verhindern, weil Sie dann rechtzeitig erkennen, dass Ihr Hund »muss«. Zu den häufigsten Verhaltensweisen, bevor ein Welpe sich erleichtert, gehören Im-Kreis-Herumgehen, Unruhe und Schnüffeln.

Wenn Ihnen solche Signale auffallen, gehen Sie mit Ihrem Welpen nach draußen! Halten Sie Leckerlis und seine Leine in der Nähe der Tür griffbereit.

Schritt Nr. 5: Verlieren Sie nicht die Nerven

Den meisten Welpen passiert ab und zu mal ein Malheur in der Wohnung, vor allem zu Beginn des Sauberkeitstrainings. Da Ihr Welpe nur dann frei in der Küche herumlaufen darf, wenn er »leer« ist, werden Missgeschicke dort aber eher selten vorkommen.

Beobachten Sie ihn, damit Sie sofort mit ihm hinausgehen können, wenn Sie sehen, dass er Anstalten macht, sein Geschäft zu verrichten. Sobald er diesbezüglich Anzeichen zeigt, sagen Sie »Gassi« und bringen den Welpen so schnell wie möglich hinaus. Aber schreien Sie ihn nicht an!

Bleiben Sie die ganzen fünf Minuten lang draußen, loben Sie ihn und geben Sie ihm ein Leckerli, wenn er mit seinem Geschäft fertig ist. Wenn er nichts dergleichen macht, bringen Sie ihn wieder hinein und beobachten ihn weiter oder sperren ihn wieder in seine Box, um es später noch einmal mit dem Gassigehen zu versuchen. Bestrafen Sie ihn niemals, denn das könnte Ihren Welpen davon abhalten, sein Geschäft in Ihrem Beisein zu verrichten. Und denken Sie daran: Dabei muss es sich nicht unbedingt um eine körperliche Bestrafung handeln; manchmal genügt schon ein scharfes Wort, um ihn einzuschüchtern.

Wenn Ihrem Welpen im Haus oder in der Box ein Missgeschick passiert ist und Sie es nicht rechtzeitig gemerkt haben, bestrafen Sie ihn nicht dafür. Das bringt nichts; außerdem ist es grausam. Säubern Sie die Stelle einfach und behandeln Sie

sie mit einem handelsüblichen Geruchsneutralisator. Nehmen Sie sich vor, ihn in Zukunft besser zu beaufsichtigen und/oder noch einen weiteren Gassigang in Ihren Zeitplan aufzunehmen.

Noch ein paar wichtige Punkte zum Thema Stubenreinheit

Wenn Sie öfters lange im Büro bleiben müssen, versuchen Sie einen Hundeausführer zu finden, der während Ihrer Abwesenheit mit dem Welpen Gassi gehen kann. Denn je öfter ihm in der Wohnung ein Missgeschick passiert, umso länger wird er brauchen, um stubenrein zu werden.

Wenn Sie sich an den Zeitplan halten und Ihr Welpe trotzdem immer noch mehrmals pro Stunde in der Wohnung Wasser lässt, sollten Sie mit ihm zum Tierarzt gehen.

Wenn Ihrem Welpen ab einem Alter von vier Monaten immer noch öfters ein Malheur passiert, läuft er wahrscheinlich zu lange unbeaufsichtigt alleine in der Wohnung herum. Denken Sie daran, dass jedes Missgeschick sich negativ auf sein Sauberkeitstraining auswirkt!

Wenn Ihr Ziel darin besteht, dass Ihr Welpe sein Geschäft draußen erledigt, ist das Papiertraining unnötig. Wenn Sie ihn für längere Zeit allein lassen müssen und er keine andere Wahl hat, als sich drinnen zu erleichtern, sollten Sie ihn vielleicht daran gewöhnen, das auf einer rasenähnlichen Fläche zu tun, indem Sie an einem Ende der Küche Fertigrasen auslegen (und ihm am anderen Ende sein Bettchen und einen Wassernapf hinstellen).

Das Wichtigste zum Thema Boxentraining

Mit dem nun folgenden einfachen Trainingsplan können Sie Ihren Hund oder Welpen dazu bringen, seine Box zu lieben. Aber bitte beachten Sie, dass Sie einen Hund mit Angstproblemen während Ihrer Abwesenheit auf gar keinen Fall in die Box sperren sollten!

In vielen anderen Situationen können Boxen jedoch ungeheuer hilfreich sein, zum Beispiel im Hundesalon oder auf Reisen.

Sie müssen wissen, dass es bei Hunden, die schon mal schlechte Erfahrungen mit einer Box gemacht haben (was vielleicht auf die meisten Hunde mit Trennungsangst zutrifft), viel Zeit (und Geduld) erfordert, sie an die Box zu gewöhnen. Aber es ist machbar. Ich weiß das, weil mein Hund Percy seine Box früher auch gehasst hat. Daraufhin habe ich ihn sechs Monate lang nach diesem Plan trainiert, und jetzt schläft er nachts darin und ist glücklich und zufrieden. Allerdings sperre ich ihn nach wie vor niemals in seine Box, wenn ich ihn zu Hause allein lasse.

Für dieses Training brauchen Sie Folgendes:

- Eine Box, die die richtige Größe für Ihren Hund hat.
- Tolle Leckerlis (viele!) und
- Jede Menge Geduld!

Lesen Sie sich unbedingt die Benotungsregeln auf Seite 270 durch, um zu erfahren, wie man bei diesem Training vorgeht.

Phase I: Gewöhnen Sie ihn daran, freiwillig in die Box zu gehen

Schritt	Was müssen Sie oder Ihr Hund tun?
1.	Lassen Sie die Tür der Box offen und werfen Sie im Lauf des Tages nach dem Zufallsprinzip an der Hinterseite immer wieder Leckerlis hinein. → Praktizieren Sie das 3 Tage lang, bis der Hund sofort auf die Box zuläuft, sobald Sie die Tür öffnen.
2.	Locken Sie ihn mit einem Leckerli in die Box, füttern Sie ihn an der Hinterseite damit (indem Sie das Leckerli hineinwerfen) und lassen Sie die Box offen, sodass er jederzeit herauskann, wenn er möchte. → Gehen Sie zu Schritt 3 weiter, wenn er das fünfmal hintereinander gemacht hat.
3.	Locken Sie ihn in die Box und geben Sie ihm weiter Leckerlis (im Abstand von ungefähr 1 Sekunde), solange er in der Box bleibt. (Lassen Sie die Tür aber immer noch offen, sodass er jederzeit herauskann.) → Gehen Sie zu Schritt 4 weiter, sobald er eine Minute lang zufrieden in seiner Box bleibt.
4.	Zeigen Sie auf die Box, um ihm zu signalisieren, dass er hineingehen soll, und geben Sie ihm weiter Leckerlis (im Abstand von ungefähr 1 Sekunde), solange er in der Box bleibt. (Lassen Sie die Tür aber immer noch offen, sodass er jederzeit herauskann.) → Gehen Sie zu Schritt 5 weiter, sobald er eine Minute lang zufrieden in seiner Box bleibt.
5.	Zeigen Sie auf die Box, um ihm zu signalisieren, dass er hineingehen soll, und geben Sie ihm weiter Leckerlis (im Abstand von ungefähr 2 Sekunden), solange er in der Box bleibt. (Lassen Sie die Tür aber immer noch offen, sodass er jederzeit herauskann.) → Gehen Sie zu Schritt 6 weiter, sobald er eine Minute lang zufrieden in seiner Box bleibt.

Phase II: Gewöhnen Sie ihn daran, dass die Tür der Box hinter ihm geschlossen wird

(Verwenden Sie für dieses Training die Standard-Benotungsregeln von Seite 270).

Schritt	Was müssen Sie oder Ihr Hund tun?
6.	Signalisieren Sie ihm, dass er in die Box gehen soll, schließen Sie die Tür halb und geben Sie ihm Leckerlis. Wenn er möchte, kann er jederzeit wieder aus der Box herauskommen.
7.	Signalisieren Sie ihm, dass er in die Box gehen soll, schließen Sie die Tür und geben Sie ihm Leckerlis. Dann öffnen Sie die Tür wieder, sodass er herauskann, wenn er möchte.
8.	Signalisieren Sie ihm, dass er in die Box gehen soll, schließen Sie die Tür für 2 Sekunden und geben Sie ihm Leckerlis. Dann öffnen Sie die Tür wieder, sodass er herauskann, wenn er möchte.
9.	Signalisieren Sie ihm, dass er in die Box gehen soll, schließen Sie die Tür für 3 Sekunden und geben Sie ihm Leckerlis. Dann öffnen Sie die Tür wieder, sodass er herauskann, wenn er möchte.
10.	Signalisieren Sie ihm, dass er in die Box gehen soll, schließen Sie die Tür für 5 Sekunden und geben Sie ihm Leckerlis. Dann öffnen Sie die Tür wieder, sodass er herauskann, wenn er möchte.
11.	Signalisieren Sie ihm, dass er in die Box gehen soll, schließen Sie die Tür für 10 Sekunden und geben Sie ihm Leckerlis. Dann öffnen Sie die Tür wieder, sodass er herauskann, wenn er möchte.

Phase III: Verlängern Sie seinen Aufenthalt in der Box

Schritt	Was müssen Sie oder Ihr Hund tun?
12.	Richten Sie seine Box gemütlich ein, indem Sie ein Bettchen für ihn hineinlegen. Signalisieren Sie ihm, dass er in die Box gehen soll, und geben Sie ihm einen gefüllten Kong oder irgendetwas anderes Leckeres zum Kauen. Dann schließen Sie die Tür, bleiben 10 Minuten lang in der Nähe der Box (Sie können währenddessen lesen oder fernsehen) und werfen alle 20–30 Sekunden ein Leckerli hinein. → Praktizieren Sie das mindestens 2 Tage lang 4–5-mal. → Gehen Sie zum nächsten Schritt weiter, sobald er ohne Zögern in seine Box hineingeht und während seines dortigen Aufenthalts keinerlei Anzeichen von Stress zeigt.
13.	Wiederholen Sie Schritt 12 zu einem anderen Zeitpunkt, aber stehen Sie jetzt hin und wieder auf und verlassen Sie das Zimmer. Kehren Sie innerhalb von ein paar Sekunden wieder zurück. → Praktizieren Sie das mindestens 2 Tage lang 4–5-mal. → Gehen Sie zum nächsten Schritt weiter, sobald er ohne Zögern in seine Box hineingeht und während seines dortigen Aufenthalts keinerlei Anzeichen von Stress zeigt.
14.	Wiederholen Sie Schritt 12 zu einem anderen Zeitpunkt, aber diesmal 30 Minuten lang und mit weniger Leckerlis (nur alle paar Minuten). → Praktizieren Sie das mindestens 2 Tage lang 4–5-mal. → Von diesem Punkt an können Sie seinen Aufenthalt in der Box verlängern, solange er dort keinerlei Anzeichen von Stress zeigt.

ANHANG C

Wie findet man einen vertrauenswürdigen Hundetrainer?

Dieses Buch hat Sie hoffentlich dazu inspiriert, mit dem Trennungsangst-Training Ihres Hundes zu beginnen. Vielleicht möchten Sie aber auch einen Trainer engagieren, der Ihnen dabei hilft. Wenn das der Fall ist, finden Sie hier ein paar Ratschläge für die Auswahl eines Trainers, dem Sie vertrauen können.

Es ist gar nicht immer so einfach, den richtigen Trainer zu finden, denn in den meisten Ländern gibt es für diesen Beruf keine gesetzlichen Vorgaben. Jeder Mensch kann sich Hundetrainer nennen, ohne dafür eine Ausbildung oder Lizenz vorweisen zu müssen. Marc Bekoff (emeritierter Professor für Ökologie und Evolutionsbiologie an der University of Colorado) bezeichnet dies als das »schmutzige kleine Geheimnis« des Hundetrainings.

Warum eine gute Qualifikation so wichtig ist

Ich weiß nicht, wie es Ihnen geht – aber ich habe es gern, wenn ein Profi genau das ist, was der Name verrät: professionell. Ich würde niemals einen Elektriker engagieren, der keine Ausbildung für diesen Beruf absolviert hat, und ich würde einen Zahnarzt, der frisch von der Uni kommt, auf jeden Fall dem Typen vorziehen, der in der »Schule des Lebens« Zahnmedizin gelernt hat. Igitt!

Doch aus unerfindlichen Gründen erwarten wir von einem Hundetrainer keinerlei Qualifikation, sondern lassen uns von schlecht ausgebildeten Personen darüber beraten, wie wir mit dem spitzzahnigen Wolfsabkömmling umgehen sollen, der bei uns zu Hause lebt. Aber zum Glück gibt es inzwischen immer mehr Menschen, die diese Vorgehensweise ablehnen.

Ich gehöre der Pet Professional Guild an. Die Mitglieder dieses Berufsverbands haben sich dazu verpflichtet, wissenschaftliche Trainingsmethoden einzusetzen, die auf dem Prinzip der positiven Verstärkung beruhen. Wir erzielen unsere Trainingserfolge, ohne Hunden Angst einzujagen, ihnen wehzutun oder sie zu irgendetwas zu zwingen. Außerdem ist es uns wichtig, Zeit und Geld in unsere Ausbildung zu investieren und hochqualifizierte Hundetrainer zu werden.

Geben Sie sich nicht mit großen Worten oder vagen Formulierungen zufrieden!

Ein weiteres Prinzip, an das die Trainer der Pet Professional Guild sich halten, ist Transparenz. Manche Trainer verstecken sich hinter vagen, verwirrenden Formulierungen und verschleiern ihre Methoden, doch die Mitglieder der Pet Professional Guild sagen Ihnen ganz offen, was sie mit Ihrem Hund vorhaben.

Ein glaubwürdiger Trainer gibt Ihnen auf alle Ihre Fragen klare Antworten. Er sollte Ihnen zum Beispiel folgende Fragen beantworten:

- Was tun Sie, wenn mein Hund etwas richtig macht?
- Was tun Sie, wenn mein Hund etwas falsch macht?

Oder wie Jean Donaldson von der Academy for Dog Trainers empfiehlt: »Verlangen Sie Auskunft darüber, welche speziellen Methoden in welchen speziellen Situationen eingesetzt werden. Lassen Sie sich nicht mit großen Worten oder vagen Formulierungen abspeisen.«

Wenn Sie keine klaren Antworten erhalten oder Ihnen bei einem Trainer irgendetwas komisch vorkommt, engagieren Sie ihn lieber nicht. Und lassen Sie sich auch nicht von irgendwelchen Behauptungen auf Websites blenden. Manche Trainer behaupten vielleicht, humane Trainingsmethoden einzusetzen, aber das muss nicht unbedingt stimmen. Fragen Sie ihn danach, welche Konsequenzen es haben wird, wenn Ihr Hund etwas falsch macht.

Glauben Sie keinem Trainer, der Ihnen einzureden versucht, dass Stachelhalsbänder, Schockhalsbänder und heftiges Rucken an der Leine Ihrem Hund nicht schaden. Solche Trainingsmethoden funktionieren nur deshalb, weil sie ihm wehtun. Und achten Sie auch auf den Begriff »ausgewogenes Hundetraining«: Solche Trainer arbeiten nämlich nicht nur mit positiver Verstärkung, sondern setzen auch harte, aversive

Trainingsmethoden ein. Dieses »ausgewogene Training« ist also nicht so human, wie es sich anhört.

Geben Sie sich nicht mit dem erstbesten Trainer zufrieden

Einen Hundetrainer zu engagieren, ist eine wichtige Entscheidung. Also seien Sie ruhig wählerisch und nehmen Sie sich genügend Zeit für die Suche nach dem richtigen Trainer! Oder wie Marc Bekoff sagt: »Einen Hundetrainer sollte man sich genauso sorgfältig aussuchen wie einen Chirurgen.«

ANHANG D

Alternative Behandlungsmethoden für Hunde mit Trennungsangst

Viele Hundebesitzer interessieren sich für sogenannte alternative Behandlungsmethoden. Doch bei den Hunden, mit denen ich gearbeitet habe, hatte ich damit so gut wie gar keinen Erfolg.

Folgende Bedenken habe ich gegenüber Naturheilmitteln:

1. Ich habe damit nicht die großartigen Ergebnisse erzielt, die so viele dieser Produkte versprechen.
2. Sie sind nicht gerade billig, und womöglich lassen Hundebesitzer sich dadurch dazu verleiten, viel Geld und Zeit für Produkte zu verschwenden, die nichts bringen.
3. »Natürlich« ist nicht unbedingt immer gleichbedeutend mit »gut«. Es liegt in der menschlichen Natur zu glauben, dass etwas Natürliches niemals falsch sein kann. Philosophen bezeichnen diesen Irrglauben als »Argumentum ad naturam«.

Blausäure, Arsen, Asbest, Quecksilber und Blei sind allesamt natürliche Substanzen - und trotzdem können sie uns umbringen. Für einen Hund kann sogar Schokolade tödlich sein. Je reiner die Schokolade und je höher der Kakaogehalt, umso gefährlicher ist sie für Hunde.

Außerdem sind Hunde von Natur aus Aasfresser und stecken ihre Nasen in alles Mögliche hinein, was ihnen schadet. Aber wir wissen, dass es nicht gut für sie ist, Müll zu fressen.

Bei Naturprodukten für Hunde sollten wir nicht einfach sagen: »Das ist etwas Natürliches, also muss es gut sein«, sondern: »Das ist etwas Natürliches, aber ist es auch gut?«

Und nun wollen wir uns die häufigsten alternativen Methoden zur Behandlung von Trennungsangst einmal ein bisschen genauer anschauen.

Nahrungsergänzungsmittel

Es gibt eine ganze Reihe rezeptfreier Nahrungsergänzungspräparate, die angeblich gegen Trennungsangst helfen. Zu den beliebtesten Mitteln dieser Art gehören:

L-Theanin: eine Aminosäure, die aus grünem Tee gewonnen wird. Hierzu gibt es nicht viele wissenschaftliche Untersuchungen, weder an Menschen noch an Hunden. Diese wenigen Erkenntnisse deuten aber darauf hin, dass L-Theanin ungefährlich sein könnte und möglicherweise auch hilft.

Alpha-Casozepin: ein Protein aus Kuhmilch, das in verschiedenen Nahrungsergänzungsmitteln enthalten ist. In einer wissenschaftlichen Untersuchung an Hunden konnte es Angstzustände ebenso wirksam lindern wie Selegilin. Doch auch zu dieser Substanz gibt es nicht viele Untersuchungen.

L-Tryptophan: eine essenzielle Aminosäure, die in Putenfleisch enthalten ist und mit Serotonin in Zusammenhang steht. Die Ergebnisse wissenschaftlicher Untersuchungen zum Nutzen dieser Substanz sind nicht überzeugend.

Pheromone

Diese Duftstoffe, die beruhigend auf Hunde wirken, sollen die Wirkung der Pheromone nachahmen, die in der Muttermilch einer säugenden Hündin enthalten sind. Zu den Produkten, die Pheromone enthalten, gehören Diffuser, Sprays und Halsbänder. Teilweise sind die Ergebnisse wissenschaftlicher Untersuchungen zu solchen Produkten recht vielversprechend, allerdings hängt ihre Wirksamkeit stark davon ab, dass man sich genau an die Gebrauchsanleitung hält.

Einige Hundebesitzer berichten von Erfolgen mit Pheromonen, andere dagegen sagen, dass diese Duftstoffe bei ihrem Hund nichts bewirkt haben.

Beruhigungs- und Druckwesten

Es gibt viele Westen auf dem Markt, die Ihren Hund beruhigen sollen, indem sie Druck auf seinen Körper ausüben. Ich habe zwar bisher noch nicht feststellen können, dass diese Produkte bei Hunden viel bewirken, aber manche Hundebesitzer sagen, dass sie durchaus einen Nutzen bringen.

Viele dieser Westen werden mit hundertprozentiger Geld-zurück-Garantie angeboten, sodass Sie sie jederzeit ausprobieren können, falls Sie Interesse daran haben.

CBD-Öl

CBD wird aus der Cannabispflanze gewonnen. Es enthält weniger als 0,3 Prozent von der THC-Verbindung, die das Gefühl des »Highseins« erzeugt.

THC selbst kann für Hunde schon in geringen Mengen tödlich sein. Es gibt zwar nur wenige Forschungsergebnisse zum Einsatz von CBD bei Haustieren, doch erste Untersuchungen zeigen vielversprechende Resultate in der Behandlung von Epilepsie und Arthritis. Es wird allerdings noch einige Zeit dauern, bis wir wissen, ob und in welcher Dosis CBD gegen Trennungsangst hilft.

Fehlende wissenschaftliche Untersuchungen und gesetzliche Vorgaben

Abgesehen von dem weitverbreiteten Denkfehler, dass »natürlich gleich gut« ist, habe ich auch noch andere Bedenken gegenüber alternativen Behandlungsmethoden:

- Für manche natürliche Produkte werden weniger wissenschaftliche Untersuchungen verlangt als bei verschreibungspflichtigen Medikamenten, und die Hersteller müssen ihre Behauptungen auch nicht immer durch Forschungsergebnisse untermauern.
- Verschreibungspflichtige Medikamente mögen einen schlechten Ruf haben, aber die Pharmaunternehmen müssen ihre Behauptungen wenigstens beweisen.
- Ein wirklich gutes natürliches Produkt zu finden, das auch garantiert immer die gleiche Zusammensetzung hat, ist gar nicht so einfach. Das gilt vor allem für CBD-Öl: Viele Besitzer haben mir berichtet, dass es sehr

schwierig sein kann, eine vertrauenswürdige Marke zu finden. Es ist nicht so wie beim Kauf von Ibuprofen, bei dem man weiß, dass es sich (egal woher man es bezieht) immer um das gleiche Produkt handelt und dass die Pille, die Sie in der Hand halten, spezielle Tests und wissenschaftliche Untersuchungen durchlaufen hat.

Wenn Sie alternative Behandlungsmethoden ausprobieren möchten, sollten Sie wissen, dass viele Behauptungen über diese Produkte nicht geprüft wurden. Also recherchieren Sie vor dem Kauf sehr gründlich nach und informieren Sie Ihren Tierarzt darüber, welche Mittel Sie Ihrem Hund geben.

ANHANG E

Was tun, wenn der Hund dauernd bellt?

Hunde bellen nicht nur, weil sie allein zu Hause unglücklich sind, sondern aus den verschiedensten Gründen.

Alarmbellen

Ein Alarmbeller möchte Sie auf eine lebensbedrohliche Gefahr hinweisen, die von draußen droht (zum Beispiel den Paketboten!). Für uns ergibt das zwar normalerweise keinen Sinn, aber in den Augen unseres Hundes handelt es sich dabei um eine gefährliche Krisensituation.

Forderndes Bellen

Damit möchte der Hund Ihnen mitteilen, dass er etwas will – und zwar sofort. Typische Hundewünsche sind: »Ich möchte ein Leckerli«, »Ich brauche Aufmerksamkeit«, »Lass mich sofort aus dem Auto raus« oder »Ich möchte mit dem Hund da drüben spielen!«

Angstgebell

Mit diesem Gebell zeigt Ihr Hund an, dass ihm bei irgendetwas, was er sieht oder hört, unwohl zumute ist. Er bellt, um die Person oder Sache, die ihm nicht geheuer ist, zu warnen: »Ich bin gefährlich! Komm mir bloß nicht zu nahe!«

Bellen aus Langeweile

Es kann aber auch sein, dass Ihr Hund bellt, weil er nicht die nötige Bewegung und geistige Anregung erhält, die er braucht. Dann dreht er vielleicht vor lauter Langeweile durch. Dieses Gebell ist einfach nur eine Art von Beschäftigung.

Trennungsangstgebell

Hunde mit Trennungsangst können heulen wie einsame Wölfe, wenn man sie zu Hause allein lässt. Und wie Sie inzwischen wissen, ist diese Art von Gebell auf die Angst oder Panik Ihres Hundes vor dem Alleinsein zurückzuführen.

Was tut man dagegen?

Wachhund- oder Alarmbellen

Trainieren Sie Ihren Hund darauf, irgendetwas zu tun, was ihn am Bellen hindert. Sie können ihn zum Beispiel ein Spielzeug holen lassen oder von dem Ort wegrufen, an dem er bellt. Oder Sie holen Ihre Zaubermatte (siehe Anhang B) heraus, fordern ihn auf, dort liegen zu bleiben, und belohnen ihn dafür mit leckeren Snacks.

Üben Sie das zunächst ohne Klingeln an der Tür oder Besucher. Sobald er dieses Training gut beherrscht, können Sie auch Klingelgeräusche oder Besucher miteinbeziehen. Und machen Sie sich keine Sorgen, wenn das Training nicht immer gleich beim ersten Mal funktioniert!

Bitten Sie einen Freund oder Familienangehörigen, so zu tun, als wäre er ein Besucher. Auf diese Weise können Sie das Training beliebig oft wiederholen.

Lesen Sie sich die Beschreibung des Zaubermattenspiels in Anhang B noch einmal durch. Damit können Sie Ihren Hund darauf trainieren, auf seiner Matte liegen zu bleiben, statt zu bellen.

Anti-Bell-Training mit Auszeiten

Anti-Bell-Training-Auszeiten können eine sehr wirksame Methode sein, einem Hund klarzumachen, dass er irgendetwas nicht mehr so oft tun soll. Alarmbeller reagieren zum Glück sehr gut auf dieses Signal.

Dabei gehen Sie folgendermaßen vor: Lassen Sie Ihren Hund ein paarmal bellen und fordern Sie ihn dann auf, ruhig zu sein (»Ruhe!«). Aber schreien Sie ihn nicht an, schließlich wollen Sie ihm keinen Schreck einjagen, nur dass er aufhört zu bellen. Das Kommando »Ruhe!« ist ein Warnhinweis, mit dem Sie ihm signalisieren, dass er mit dem Gebell aufhören soll, weil er sonst eine Auszeit riskiert. Wenn er trotzdem nicht aufhört, »markieren« Sie das unerwünschte Verhalten. Sagen Sie einfach: »Schade!« oder »Das war's!« und bringen Sie Ihren Hund dann in den »Strafraum«. Oder falls das einfacher ist, holen Sie ihn vom Fenster weg, damit er die Sache oder Person, die ihn zum Bellen animiert hatte, nicht mehr sieht.

Aber verzichten Sie auf grobes Packen und Zerren am Halsband! Bewegen Sie Ihren Hund in aller Ruhe in den gewünschten Bereich. Sie möchten nicht erreichen, dass er mit dem unerwünschten Verhalten aufhört, indem Sie ihn erschrecken.

Die Auszeit sollte in einem Raum stattfinden, der von dem Geschehen, das ihn zum Bellen provoziert hat, entfernt liegt. Sie können Ihren Hund auch in seine Box sperren, wenn Sie das Boxentraining mit ihm bereits absolviert haben. Allerdings sollten Sie beachten, dass manche Hunde mit Trennungsangst Auszeiten als unangenehm empfinden. Wenn Ihr Hund seine Angstschwelle überschreitet, sobald er im Haus von Ihnen getrennt wird, sollten Sie ihm keine Auszeiten in einer Box oder einem anderen Zimmer zumuten. Entfernen Sie ihn dann einfach nur von dem Ort, an dem er vorher gebellt hat.

Ihr Hund wird das Verhalten, das er gerade gezeigt hat, als Sie »Das war's!« gerufen haben, mit der Auszeit in Verbindung bringen. Nicht mehr bei Ihnen sein zu dürfen oder von irgendetwas Interessantem weggeholt zu werden, ist schon ein ziemlich großer Verlust für ihn.

Dadurch wird Ihr Hund sich das Bellen mit der Zeit abgewöhnen. Das gelingt vielleicht nicht von heute auf morgen, aber bleiben Sie dran und seien Sie konsequent! Reagieren Sie jedes Mal mit einer Auszeit, wenn er Ihnen nicht gehorcht.

Sie können die Wirkung dieser Erziehungsmaßnahme sogar noch verstärken, indem Sie ihn belohnen, wenn er nach dem Warnhinweis »Ruhe!« aufhört zu bellen. Denken Sie daran, stets Leckerlis griffbereit zu haben!

Forderndes Bellen

Hunde sind hervorragende Verhaltensökonomen: Sie wissen genau, wie viel Aufwand sie betreiben müssen, um ein bestimmtes Ergebnis zu erzielen. Wenn Sie Ihren bettelnden oder quengelnden Hund ignorieren, lernt er, dass er mit diesem Verhalten nur wertvolle Energie verschwendet. Also gibt er auf und spart sich seine Mühe lieber für ein aussichtsreicheres Unterfangen auf. Wenn der Hund sprechen könnte, würde er vielleicht sagen: »Das bringt nichts. Damit komme ich nicht weiter, also lasse ich es lieber!«

Ihren Hund ein unerwünschtes Verhalten fortsetzen zu lassen, kann also manchmal sogar eine gute Strategie sein. Im Trainerfachjargon bezeichnet man diese Strategie als *ein Verhalten auslöschen*. Das funktioniert folgendermaßen: Ihr Hund versucht mit seinem unerwünschten Verhalten etwas Bestimmtes zu erreichen, was ihm aber nicht gelingt. Also versucht er es noch einmal. Nachdem er ein paarmal festgestellt hat, dass das nicht funktioniert, gibt er es schließlich auf.

Obwohl wir dieses »Auslöschungsphänomen« zu unserem Vorteil nutzen können, müssen wir darauf achten, dass der Schuss nicht nach hinten losgeht: Wenn wir nicht sehr vorsichtig sind, kann es nämlich passieren, dass wir sein unerwünschtes Verhalten dadurch sogar noch verstärken.

Wenn Sie dem Bellen Ihres Hundes nachgeben, lernt er schnell, dass Bellen funktioniert. Und je besser diese Strategie funktioniert, umso häufiger wird er sie nutzen.

Sie müssen also genauso entschlossen sein wie Ihr Hund. Hören Sie auf, unerwünschtes Bellen mit Aufmerksamkeit zu belohnen! Lassen Sie ihn nicht in den Hof oder Garten, wenn er bellt. Erwarten Sie, dass er ruhig ist, bevor Sie ihn im Park aus dem Auto herauslassen. Erlauben Sie ihm nicht, am Esstisch zu bellen.

Bleiben Sie konsequent. Denn wenn Sie nachgeben, wird er belohnt – und wird sein Gebell mit noch größerer Entschlossenheit fortsetzen als bisher.

Vielleicht haben Sie ihn eine Zeitlang in seinem Gebell bestärkt, indem Sie seinen Wünschen nachgegeben haben. Solche Fehler sind uns allen schon einmal passiert! Dann müssen Sie damit rechnen, dass sein Gebell zunächst noch schlimmer wird, bevor er es sich abgewöhnt. Denn natürlich wird Ihr Hund frustriert sein, weil Sie die Spielregeln verändert haben.

Aber denken Sie immer daran, dass es der falsche Weg ist, einen Hund mit Trennungsangst einfach bellen zu lassen.

Bellen aus Langeweile

In ihrem natürlichen Lebensumfeld investieren Hunde viel Energie in die Suche nach Futter. Auch wenn Sie den Eindruck haben, dass Ihr Hund bereits viel Bewegung bekommt, sollten Sie also versuchen, noch ein bisschen mehr körperliche Aktivitäten und geistige Anregungen für ihn einzuplanen. Hier ein paar Vorschläge dazu:

- Machen Sie langsame Spaziergänge. Diese bieten Ihrem Hund Gelegenheit, die Gerüche der Umgebung, in der er lebt, in sich aufzunehmen. (Betrachten Sie das einfach als eine Art »Schnüffelsafari«!)
- Spielen Sie mit Ihrem Hund. Die meisten Hunde können lernen, gerne zu spielen, auch wenn sie nicht unbedingt verrückt nach Tauziehen oder Apportieren sind. Versteckspielen und Nasenarbeit eignen sich zum Beispiel

sehr gut für Hunde, die einen besonders feinen Geruchssinn haben.

- Lassen Sie ihn zusammen mit anderen Hunden ohne Leine herumlaufen.
- Stellen Sie den langweiligen Futternapf doch einmal beiseite und lassen Sie ihn stattdessen für sein Futter arbeiten. Das wird ihm ganz bestimmt Spaß machen!
  - Füllen Sie einen Kong und verstecken Sie ihn im Haus, bevor Sie zur Arbeit gehen.
  - Verstreuen Sie sein Trockenfutter im Garten im Gras oder auf einem Teppich im Haus.
  - Nutzen Sie sein Trockenfutter als Trainingsleckerli. (Training macht Ihren Vierbeiner im wahrsten Sinn des Wortes hundemüde!)
  - Legen Sie sich einen Vorrat von seinen Lieblings-Kauspielzeugen an.
  - Bringen Sie ihm bei, nach einem Spielzeug zu suchen, das Sie versteckt haben, und feiern Sie seinen Fund dann mit einer Runde Tauziehen oder Apportieren.

Angstgebell

Hierbei ist es wichtig, die Angst zu bekämpfen, die dem Gebell Ihres Hundes zugrunde liegt. Sie müssen also etwas an seinen Gefühlen gegenüber dem Angstauslöser verändern.

Egal was Ihren Hund erschreckt – bringen Sie es mit Futter in Zusammenhang! Immer wenn Ihr Hund etwas sieht oder hört, wovor er Angst hat, halten Sie das beste Leckerli aller Zeiten bereit (Hühnchen, Rindfleisch, Käse, Leber, Hamburger – oder was auch immer er besonders gerne mag). Denn er soll lernen, das furchterregende Ereignis mit einem besonderen Leckerbissen zu assoziieren.

Lassen Sie ihn irgendetwas sehen, was ihn erschreckt, und feiern Sie dann eine Hühner- oder Rindfleischparty. Aber gehen Sie mit ihm nicht zu nah an das furchterregende Objekt heran, denn dann verschlimmert seine Angst sich womöglich noch mehr! Dass Sie dem Angstobjekt zu nahe gekommen sind, erkennen Sie daran, dass er dann entweder kein Leckerli annimmt oder Ihnen dabei fast die Finger abbeißt. Versuchen Sie solche Situationen zu vermeiden.

Endlich ein harmonisches Leben!

Der Schlüssel zu einem ruhigen Leben mit einem Hund, der nicht dauernd bellt, besteht darin, herauszufinden, mit welcher Art von Gebell Sie es zu tun haben, und dieses dann mit den in diesem Anhang beschriebenen Strategien zu bekämpfen.

Denken Sie daran, dass Sie das angstvolle Bellen – also das Gebell eines Hundes, der in Panik gerät, wenn man ihn allein zu Hause lässt – nur unterbinden können, indem Sie etwas gegen seine Angst tun.

ANHANG F

Training zum Aufbau von Selbstvertrauen

Das Selbstvertrauen eines Hundes ist keine Verhaltenseigenschaft, sondern hängt vom Kontext ab: Der große, temperamentvolle, unerschrockene Hund, der vor Selbstbewusstsein nur so zu strotzen scheint, flippt vielleicht aus, wenn er eine Papiertüte im Wind umherflattern sieht.

Woher kommt das? Ganz einfach: Bei uns Menschen bedeutet das Wort »Selbstvertrauen« eigentlich, dass die betreffende Person ein hohes Selbstwertgefühl hat. Mit diesem Wort beschreiben wir Menschen, die sich in den verschiedensten Situationen (vor allem in unterschiedlichen sozialen Umfeldern) wohlzufühlen scheinen. Aber das ist eigentlich kein Selbstvertrauen, sondern Selbstwertgefühl. Und außerdem gibt es vielleicht auch Szenarien, in denen solche Menschen sich unwohl fühlen. Selbstvertrauen hängt nämlich auch bei uns Menschen vom Kontext ab.

Können wir das Selbstvertrauen unseres Hundes stärken?

Ja. Aber genau wie beim Menschen können wir auch einem Hund lediglich Selbstvertrauen in einem bestimmten Kontext beibringen. Wenn Sie erreichen möchten, dass Ihr Hund sich in der Nähe von Menschen mit Hüten wohler fühlt, müssen Sie ihm Vertrauen zu Menschen mit Hüten beibringen.

Hier ein Beispiel dazu: Wenn Sie Tennis spielen lernen, werden Sie deshalb noch lange nicht mehr Selbstvertrauen haben, wenn Sie vor Publikum sprechen müssen. Um bei Reden oder Vorträgen in der Öffentlichkeit selbstbewusster auftreten zu lernen, müssen Sie etwas ganz anderes tun – zum Beispiel Präsentationskurse besuchen, mit einem Sprechtrainer arbeiten oder in einem Amateurtheater mitwirken.

So viel Spaß Ihr Hund beim Agility oder bei der Futtersuche auch haben mag – das wird ihm nicht dazu verhelfen, sich sicherer zu fühlen, wenn er allein zu Hause ist. Denn dazu muss er Selbstvertrauen entwickeln – und es gibt durchaus Möglichkeiten, diese Eigenschaft bei einem Hund zu fördern.

Belohnungsbasiertes Training

Wenn Sie beim Training Belohnungen einsetzen, belohnen Sie Hunde für die richtige Lösung. Hunde, die an ein belohnungsbasiertes Training gewöhnt sind, wissen, dass es sich lohnt zu tun, was man von ihnen verlangt, weil:

- etwas ganz Tolles passieren kann, wenn sie die richtige Lösung finden, und
- nichts Schlimmes passieren wird, wenn sie etwas falsch machen.

Es ist immer wieder wunderbar zu erleben, mit welcher Aufregung und Vorfreude Hunde, die mithilfe von Belohnungen trainiert worden sind, sich in eine neue Trainingssitzung hineinstürzen!

Belohnungsbasiertes Training bietet Hunden die größtmögliche Entscheidungsfreiheit: Bei diesem Training hat Ihr Hund nämlich auch die Möglichkeit, das gewünschte Verhalten zu verweigern. Er kann Ihnen zeigen, dass Sie die Messlatte zu hoch angelegt haben und er das als Stress empfindet. Und er kann sich auch dafür entscheiden, einfach wegzugehen, wenn Sie sein Training nicht richtig durchführen oder er keinen fairen Lohn für die Arbeit erhält, die Sie ihm abverlangen.

Das ist das genaue Gegenteil vom Bestrafungstraining, bei dem der Hund nur eine einzige Möglichkeit hat: Er kann versuchen, herauszufinden, was der Trainer von ihm will, um keinen Schmerz mehr erleiden und keine Angst mehr haben zu müssen.

Spiel und Abwechslung

Hundespiele, Ballspiele, Problemlösungsaufgaben, Schnüffeln, Futterbeschaffung, Tauziehen und alles andere, was einen Hund geistig oder körperlich auslastet, eignen sich sehr gut zur Bekämpfung von Trennungsangst. *Aber* damit allein kann man diese Angst nicht beheben, und es führt auch nicht dazu, dass ein Hund mehr Selbstvertrauen entwickelt.

Spiel und Abwechslung sind wichtig für seine geistige Gesundheit. Wenn wir die Bedürfnisse unseres ängstlichen Hundes nach Spiel und geistiger Anregung nicht erfüllen, kann das den Trainingserfolg untergraben.

Sozialisation

Der Begriff »Sozialisation« bezieht sich eigentlich auf junge Welpen im Alter bis 12 oder 14 Wochen. Wenn wir junge Welpen sozialisieren, führen wir sie behutsam an neue Erfahrungen heran und sorgen dafür, dass sie mit diesen neuen Erlebnissen etwas Positives assoziieren. Dadurch lernen die Welpen, selbstbewusst mit allem umzugehen, was das Leben für sie bereithält, während sie erwachsen werden.

Obwohl sich das Sozialisationszeitfenster bereits im Alter von zwölf Wochen schließt, können wir unseren Hunden danach auch weiterhin zu positiven Erfahrungen verhelfen.

Damit ein Hund sich im Umgang mit verschiedenen Erfahrungen sicher fühlt, sollten wir uns immer an folgende Regeln halten:

- Drängen Sie einen Hund niemals in eine Situation hinein, in der er sich unwohl fühlt. (Sie sollten in der Lage sein, das an der Körpersprache oder daran zu erkennen, ob der Hund sich einer Person oder einem Gegenstand freiwillig nähert.)
- Genau wie beim Desensibilisierungstraining gegen Trennungsangst sollten Sie auch hierbei versuchen, neue Erfahrungen in kleine, nicht bedrohliche Schritte zu unterteilen.
- Versuchen Sie neue oder andersartige Erfahrungen mit etwas Positivem (beispielsweise Hühnerfleisch oder Käse) zu verbinden.
- Wenn ein Hund sich unwohl zu fühlen scheint, geben Sie ihm die Möglichkeit, sich zurückziehen. Orientieren

Sie sich immer an seinen Signalen, um festzustellen, ob es ihm in einer Situation gut geht oder nicht.

Diese Regeln sind vor allem dann wichtig, wenn es darum geht, einem Hund mit allgemeinen Ängsten, der »dichtgemacht« hat, zu helfen.

Danksagung

Ich danke meinem Mann, weil er an mich geglaubt hat, als ich ihm von meinem Traum erzählte, die Welt zu einem besseren Ort für Hunde mit Trennungsangst und für deren Besitzer zu machen. Ein herzliches Dankeschön geht auch an meine anderen Familienangehörigen, die meine wichtigsten Unterstützungspersonen sind (vor allem meine Schwester Sandra).

Meiner Mentorin Jean Donaldson danke ich nicht nur für die beste Ausbildung, die ein Hundetrainer bekommen kann, sondern auch dafür, dass sie mir beigebracht hat, kritisch zu denken, mich für wissenschaftliche Erkenntnisse zu begeistern und daran zu glauben, dass wir diese Welt zu einem besseren Ort für unsere Hunde machen können.

Außerdem möchte ich mich bei mehreren Hunden bedanken:

India, ohne die ich nie entdeckt hätte, wie sehr ich Hunde lieben kann.

Tex, weil er so kompliziert war, dass mir gar nichts anderes übrig blieb, als mich mit wissenschaftlich fundiertem Hundetraining zu beschäftigen.

Percy, weil er mir verziehen hat, dass ich ihn einfach bellen ließ, als ich es nicht besser wusste – und weil er mich zur Verwirklichung meines Traums inspiriert hat.

Und schließlich widme ich dieses Buch allen Besitzern von Hunden mit Trennungsangst, die unnötigerweise wegen eines Problems leiden, das sich hervorragend behandeln lässt. Ich habe dieses Buch geschrieben, um Ihnen Hoffnung zu geben.

Informationsquellen

Bücher

Marc Bekoff
Feldstudien auf der Hundewiese
Dieses Buch des preisgekrönten Wissenschaftlers und lebenslangen Hundeliebhabers Marc Bekoff ist eine brillante Einführung in das Verhalten von Hunden und zeigt, wie wir das Leben unserer vierbeinigen Freunde so gut wie möglich gestalten können.

Dr. John Bradshaw
Hundeverstand
Dr. Bradshaws Buch räumt mit den häufigsten Irrtümern über die Emotionen und das Verhalten von Hunden auf und zeigt, wie man diese Tiere wirklich behandeln sollte.

Malena DeMartini
Treating Separation Anxiety in Dogs
Dieses wegweisende Buch gibt Trainern Werkzeuge und Strategien an die Hand, um Hunden über ihre Angst vor dem Alleinsein hinwegzuhelfen.

Jean Donaldson
Culture Clash: A Revolutionary New Way of Understanding the Relationship between Humans and Domestic Dogs
Dieses Buch stellt die Welt des Hundetrainings auf den Kopf und ermöglicht Millionen von Hunden ein Leben ohne Bestrafung.

Alexandra Horowitz
Was denkt der Hund? Wie er die Welt wahrnimmt – und uns
Alexandra Horowitz führt uns in die Wahrnehmung und die kognitiven Fähigkeiten von Hunden ein und entwirft ein Bild davon, wie es sein könnte, ein Hund zu sein.

Patricia McConnell
Das andere Ende der Leine: Was unseren Umgang mit Hunden bestimmt
Als Tierverhaltensforscherin und Hundetrainerin mit über 20-jähriger Erfahrung betrachtet Dr. McConnell den Menschen lediglich als eine weitere interessante Spezies und macht sich Gedanken darüber, welche Gründe hinter unserem Verhalten gegenüber unseren Hunden stecken könnten, wie Hunde dieses Verhalten wohl interpretieren und wie wir mit unseren vierbeinigen Freunden umgehen sollten, um das Beste aus ihnen zu machen.

Artikel

Dr. John Bradshaw
»If Dogs Could Talk, They'd Tell Us Some Home Truths«
www.theguardian.com/commentisfree/2017/jul/21/dogs-talk-tell-home-truths-technology-pets-feeling
The Guardian, Juli 2017

Mark Brown
»Antidepressants Work, So Why Do We Shame People for Taking Them?«
www.theguardian.com/commentisfree/2017/sep/01/antidepressants-work-shame-people-ssri
The Guardian, 1. September 2017

R. Butler, R. J. Sargisson und D. Elliffe
»The Efficacy of Systematic Desensitization for Treating the Separation-Related Problem Behaviour of Domestic Dogs«
Applied Animal Behavior Science, 2010, 129(2–4): 136–45

Niwako Ogata
»Separation Anxiety in Dogs: What Progress Has Been Made in Our Understanding of the Most Common Behavioral Problems in Dogs?«
Journal of Veterinary Behavior, 2016

Barbara L. Sherman, Gary M. Landsberg, Katherine A. Houpt und Carol Robertson-Plouch
»Effects of Reconcile (Fluoxetine) Chewable Tablets Plus Behavior Management for Canine Separation Anxiety«

Veterinary Therapeutics: Research in Applied Veterinary Medicine, 2007

Rebecca J. Sargisson, School of Psychology, University of Waikato
»Canine Separation Anxiety: Strategies for Treatment and Management«
2014

Register